ET

DES ARBRES FRUITIERS

CHEZ LES ROMAINS

PAR J. SCHNEYDER

TRADUIT DE L'ALLEMAND

PAR LE DOCTEUR LOUIS MARCHANT

Conservateur du Musée d'Histoire naturelle de Dijon

Secrétaire adjoint de la Commission des Antiquités

et Membre de la Société d'horticulture de la Côte-d'Or

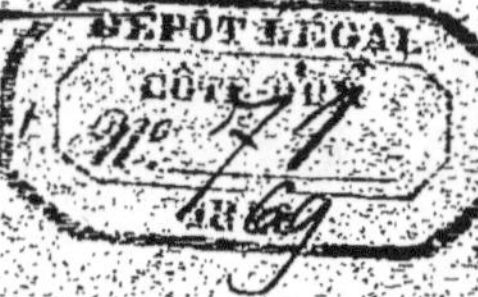

DIJON

MANIÈRE-LOQUIN, LIBRAIRE-ÉDITEUR

Place d'Armes, 22

1869

DE LA
CULTURE DE LA VIGNE

ET

DES ARBRES FRUITIERS

CHEZ LES ROMAINS

PAR J. SCHNEYDER

TRADUIT DE L'ALLEMAND

PAR LE DOCTEUR LOUIS MARCHANT

Conservateur du Musée d'Histoire naturelle de Dijon

Secrétaire adjoint de la Commission des Antiquités

et Membre de la Société d'horticulture de la Côte-d'Or

DIJON

MANIÈRE-LOQUIN, LIBRAIRE-ÉDITEUR

Place d'Armes, 22

1869

Tiré à 200 exemplaires.

TRAITÉ

DE LA

CULTURE DE LA VIGNE ET DES ARBRES FRUITIERS

CHEZ LES ROMAINS

traduit de l'allemand

PAR LE Dr LOUIS MARCHANT

Arborum cura pars rei rusticæ vel maxima.
(COLUM., l. III, 1.)

Il n'est heureusement aucun peuple qui ne se soit livré à l'agriculture, et l'on peut dire que le pays le plus prospère est celui où cet art est le plus florissant. Le peuple romain ne fut jamais plus heureux et plus puissant qu'au temps où, comme le dit un poète, la culture de la terre n'était pas indigne d'un consul. Aussi, dit Caton, quand à cette époque on voulait faire l'éloge d'un citoyen honnête et distingué, on l'appelait un bon cultivateur, un bon laboureur (1).

C'est pour cela que les hommes les plus remarquables de ce beau temps ne dédaignaient pas de labourer leurs champs de leurs propres mains. Quelquefois, comme Cincinnatus, laissant la charrue dans le sillon commencé, ils essuyaient la sueur de leur front, et, le bâton de commandement à la main, allaient se mettre à la tête des armées. Ils se hâtaient, la guerre finie, de

---

(1) Amplissime laudari existimabatur, qui ita laudabatur. De Re. rust. introd.

venir reprendre leurs travaux, heureux de manger les choux qu'ils avaient plantés (1).

D'autres ne se contentèrent pas seulement d'être de bons agriculteurs, mais ils écrivirent leurs propres observations et celles de leurs contemporains relatives aux diverses branches de l'agriculture. Le grave et sévère Caton, qui avait occupé avec éclat les plus hauts emplois, et qui avait même reçu dans maints combats d'honorables blessures, nous a laissé les règles pratiques que l'on suivait de son temps.

Nous en citerons quelques-unes : Un travail remis retarde tous les autres (2). Ne fauche pas ton foin trop tard, coupe-le avant la maturité des graines (3). Partage ainsi tes engrais : Une moitié dans les champs, un quart pour le verger, et l'autre quart pour les prés (4).

De notre temps, l'agriculture et ses diverses branches nous attirent chaque jour davantage. D'un côté, nous assistons au spectacle élevé que nous donnaient les Romains, en voyant les personnages les plus illustres, ceux même qui président aux destinées des empires, exercer cet art ou l'entourer de leur haute protection ; de l'autre, des savants comme les Liebig et les Boussingault viennent à son aide en lui donnant des bases rationnelles.

L'intérêt qu'inspire la prospérité de l'agriculture est si général, que l'Europe est pour ainsi dire couverte d'un réseau de sociétés composées non seulement d'hommes spéciaux venant y donner ou y chercher des enseignements, mais admettant toutes les professions et toutes les intelligences qui peuvent ou contribuer à l'avancement de cet art si éminemment utile, ou lui donner un bienveillant appui.

Aussi me suis-je associé avec joie à ces sociétés, heureux de

---

(1) Dapibus contentus inemptis.
(2) Cap. 5.
(3) Cap. 53.
(4) Cap. 29.

leur apporter aujourd'hui ma modeste offrande. J'ai choisi un sujet, qui, bien que sortant du cercle de mes études ordinaires, a toujours eu le plus vif attrait pour moi. Je veux, le plus brièvement possible, essayer de dire ce que les Romains, il y a plus de mille ans, savaient relativement à la vigne et aux arbres fruitiers, ce que nous avons appris d'eux, et ce que nous aurions dû suivre plus fidèlement que nous ne l'avons fait.

Quand les Romains arrivèrent sur les bords du Rhin, ils ne trouvèrent chez nos ancêtres que des arbres à fruits sauvages, comme on en rencontre encore en si grand nombre dans nos forêts; mais en s'établissant dans notre pays, ils cherchèrent à embellir leurs habitations en les entourant de jardins où ils plantèrent de la vigne et des arbres fruitiers. Les Germains les plus riches les imitèrent, car la nature nous a donné deux moyens de perfectionner la culture, l'expérience et l'imitation (1).

Ce goût se répandit, et nos pères connurent les délicates jouissances de la vie. Plusieurs allèrent en Italie avec les Romains; ils y virent beaucoup de choses nouvelles et en rapportèrent celles qui les avaient frappés davantage. La vigne était alors cultivée avec ardeur dans ce pays, et ils cherchèrent à l'acclimater chez eux. Cette culture, que l'empereur Domitien restreignit beaucoup en Italie dans le premier siècle, paraît avoir malgré cela prospéré en Allemagne, car dès le quatrième siècle le poète Ausone chante les vignobles des coteaux de la Meuse. Nous ne devons pas oublier non plus que nous devons la plantation en grand de la vigne et des arbres fruitiers aux religieux, qui plus tard vinrent de la Gaule et de l'Italie s'établir dans notre pays. Ils en entourèrent leurs couvents, et c'est à eux que les habitants des campagnes durent de pouvoir en planter aussi autour de leurs chaumières.

Je passe donc aux développements, et je laisserai autant que

---

(1) Bivium nobis ad culturam dedit natura, experientiam et imitationem. Varro, l. I, 18. Nihil recte sine exemplo docetur aut discitur. Col., l. XI, 1.

possible la parole aux auteurs que je citerai. Je n'entrerai dans les détails qu'autant que le réclameront la nature du sujet et le but que je me propose : celui d'être utile.

Le traducteur n'ajoutera rien à cette préface.

Comme l'auteur du livre, il est heureux d'offrir à une société, à laquelle il est fier d'appartenir, un nouveau gage de tout l'intérêt qu'elle lui inspire.

Il croit cependant devoir encore prier ses lecteurs de ne jamais perdre de vue que ce travail est l'exposé de ce que savait et pratiquait en agriculture (il y a vingt siècles) ce grand peuple romain, qui n'a disparu devant les hordes barbares, qu'en nous léguant l'inappréciable trésor des idées civilisatrices auxquelles il devait son titre de *Peuple-Roi*.

Dijon, mai 1868.

Dr L. MARCHANT.

1

DE LA VIGNE

§ 1.

Du Sol qui lui est le plus convenable.

La vigne, dans le sens propre du mot, ne peut pas être rangée parmi les arbres; il n'est cependant pas d'arboriculteur qui la néglige. Comme le disait déjà Columelle (1), elle mérite d'être placée au premier rang des arbres fruitiers, non seulement à cause de ses grappes délicieuses, mais aussi parce qu'elle peut plus facilement que beaucoup d'autres, avec un peu de soins et de précautions, croître et prospérer dans presque tous les pays et dans tous les terrains.

Nous la voyons en effet couvrir les plaines aussi bien que les coteaux, s'accommodant d'une terre forte ou légère, maigre ou généreuse, sèche ou humide.

Si la vigne réussit sous tous les climats, c'est grâce au soin judicieux qui sait approprier à chaque pays et à chaque sol l'espèce qui lui convient, et appliquer à celle-ci le mode de culture qui lui est nécessaire (2).

La vigne renferme plusieurs espèces et variétés, puisque chaque pays, chaque terrain même, en a une qui lui est propre et qui s'y développe plus facilement ou y donne un vin de meilleure qualité (3).

Avant de planter de la vigne sur les coteaux ou dans son jardin, un vigneron intelligent devra donc s'assurer avec soin de

---

(1) Colum., l. III, cap. 1.

(2) Natura vitis cœlum omne solumque sustentat, si genera convenienter aptentur. Pallad., l. III, 9.

(3) Neque enim omni cœlo solove cultus idem. Colum., l. III, 1.

l'espèce qui s'accommodera le mieux du sol qu'il lui destine ; il s'exposerait sans cela à de complètes désillusions.

Sa culture est semblable à celle des arbres fruitiers. Il ne s'agit pas tant pour cette dernière de prendre simplement les meilleures espèces, que de planter celles qui, dans le sol auquel on veut les confier, donneront les fruits les plus savoureux. Ainsi, ce n'est ni en plein champ, ni sur les hauteurs froides et battues des vents, qu'on aura des fruits de dessert délicats, mais bien dans des endroits abrités et dans une terre profonde. Il en est exactement de même pour la vigne ; telle espèce aime une plaine unie, telle autre des collines exposées au soleil, et de plus une certaine nature de terrain (1).

Aussi, le cultivateur sensé ne plantera pas une espèce d'un faible produit dans un sol généreux pour augmenter son rendement ; il lui choisira au contraire un terrain maigre, et en donnera un fort à celle qui pousse beaucoup de bois. Il devra savoir aussi que les espèces à gros grains ne prospèrent pas dans les endroits humides, parce qu'elles y pourrissent plus facilement, et qu'on peut planter seulement dans les lieux froids et exposés au brouillard certaines variétés précoces qui n'ont plus rien à redouter d'un froid prématuré.

Quel est donc en général le terrain le plus propice pour y planter de la vigne ; cela est assez difficile à dire parce que, généralement, on n'en plante pas qu'une seule espèce. En agissant autrement, toute la récolte serait perdue si l'année était défavorable à cette espèce en particulier. Il faut donc choisir ici avant tout un sol fertile, plutôt léger que trop compacte. Il ne doit être ni trop sec, ni trop mouillé ; mais il faut qu'il ait assez d'humidité pour que les racines puissent s'y enfoncer profondément (2). Un sol salé et amer est surtout à redouter (3), car il communiquerait

---

(1) Loca naturam plerisque vitibus mutant. Pall., l. III, 9.

(2) Pallad., l. II, 13 et l. III, 9. Colum., l. III, 11 et 12.

(3) Nec amarum (solum), nec salsum, ne saporem vini corrumpat et incrementa virentium veluti quadam scabra rubigine coerceat. Colum., l. III, 1.

au vin une saveur désagréable, et la vigne elle-même y dégé-
nérerait (1).

§ 2.

Des diverses espèces de Raisins.

Quand on plante de la vigne, il s'agit de savoir si l'on veut
obtenir soit des raisins de table, soit des raisins pour en faire du
vin. Les premiers, dans le voisinage des grandes villes, se portent
au marché où ils se vendent facilement et à un bon prix. Dans
ce cas il importe d'avoir des espèces hâtives, et supérieures comme
grosseur et comme qualité (2).

Dans ce cas, Columelle recommande les espèces suivantes : le
raisin hâtif (hâtiveau), le raisin à grosses baies, le raisin couleur
de pourpre, le raisin datte ou gland, les raisins de Rhodes et de
Lybie, et le raisin rouge des monts Cérauniens. Il ajoute à ces
magnifiques espèces celle dont la grappe est longue de trois
pieds, le raisin à grains d'une once (*uncia*) et celui de Cydon.
Plus loin, il vante encore le raisin de Numidie qu'on conservait
frais pour le manger l'hiver en l'enfermant dans des vases (3).

Veut-on, au contraire, faire du vin, il faut choisir alors des
espèces à peau mince, à saveur délicate, qui, sans être précoces,
fleurissent cependant assez à temps pour ne pas mûrir trop tard,
et qui supportent et la pluie et les ardeurs du soleil.

Chez les Romains, les espèces les plus appréciées étaient :
l'aminée, le plant de Nomentum, le chasselas blanc, et une autre
espèce qu'ils appelaient raisin à grappes jumelles.

De cette aminée (*vitis aminea* ou simplement *aminea*) qui,
d'après Columelle, donnait, partout où on la cultivait, un vin

---

(1)   Salsa autem terra et quæ perhibetur amara,
     Frugibus infelix, ea nec mansuescit arando,
     Nec *Baccho genus*, aut *pomis sua nomina servat*.
(Virg.)

(2) Pallad., l. III, 9.
(3) Colum., l. III, 2.

supérieur aux autres (1) ; il y a deux variétés : une grosse et une petite (2). La petite est la plus productive, la plus rustique, et donne aussi un vin supérieur. On peut la cultiver en la faisant grimper sur des arbres ou en la fixant à des échalas (3) ; elle supporte aussi plus facilement le vent et la pluie (4).

A ces espèces à bois rouge, particularité qui leur a fait donner le nom de *rubellianæ*, il faut ajouter encore le plant de Nomentum, dont le bois est également rouge, mais d'une couleur moins foncée, et qui en fertilité surpasse même l'aminée (5).

Cette espèce, comme la précédente, offre deux variétés, dont la petite est aussi la plus productive. Toutes deux sont en fleur de bonne heure, et supportent, à l'exception de trop fortes chaleurs, toutes les intempéries des saisons. Leurs baies sont petites et à peau épaisse (6).

Le vin qu'on en fait dépose beaucoup de lie ; mais cet inconvénient est bien compensé par son excessif produit.

Viennent ensuite :

L'*Eugenea* et le raisin des Allobroges. Tous deux s'accommodent d'un sol froid et sujet à la rosée ; mais ce n'est que sur les collines qu'ils donnent leur vin si bon et si recherché. Plantés ailleurs, ils ne sont plus dignes de leur nom (7).

Les Romains appréciaient aussi beaucoup le raisin d'Appien, ou raisin de miel (8). Il y en a trois espèces, dont deux à feuilles

---

(1) Solæ traduntur amineæ, ubicumque sint, cæteras omnes sapore præcedere. Ibid.

(2) Solæ amineæ, ubicumque sint, vinum pulcherrimum reddunt. Pall., l. III, 9.

(3) Quelques auteurs pensent que l'Aminée serait notre *traminer*, ce qu'on ne peut admettre ; car si ce plant a été apporté d'Italie dans notre pays, il n'a plus rien de remarquable aujourd'hui.

(4) On sait qu'en Italie on fait grimper les vignes sur des arbres qui leur servent de supports, ou bien on les appuie sur des traverses qui reposent sur des poteaux.

(5) Voir Caton, 6.

(6) Omnis incommodi patientes, præter caloris ; nam quia minuti acini et duræ cutis uvas habent, æstibus contrahuntur. Colum., l. III, 2.

(7) Nam mutato loco, vix nomini suo respondent. Id., loc. cit.

(8) Voir Caton, 24.

cotonneuses, et une troisième à feuilles glabres ; c'est cette dernière qui est la plus estimée. Toutes trois viennent partout et font un excellent vin, qui cependant, comme le dit Columelle, a un fâcheux effet sur le sang et sur les nerfs (1). Ces vins sont surtout estimés à cause de leur saveur agréable.

A ces raisins de premier ordre il faut ajouter le raisin à grappes doubles (2) (*gemellæ,-geminæ*). Le vin qu'on en obtient est un peu plus acerbe que celui provenant de l'aminée, mais il se garde aussi longtemps (3). C'est la plus petite variété de cette espèce qui couvre les coteaux si célèbres du Vésuve dans la Campanie (*terra di Lavoro*) et les collines de Sorrente (*Sorrento*).

Une autre espèce, qu'on peut regarder comme une aminée, est abondamment cultivée au pied du mont Massicus (4). Elle ressemble beaucoup, comme bois et comme port, à la petite variété du raisin double (*gemellæ*). Ses fruits sont blancs et clairs et donnent un excellent vin.

Nous nous occuperons aussi des espèces de deuxième ordre, à cause de leur fécondité.

A cette catégorie appartiennent la vigne du roi (*basilea, basilica*) et le plant de Bourges (5). Comme qualité, ils se rapprochent beaucoup de la première, qu'ils surpassent même comme production, comme force et comme durée. Le vin qu'on en fait se bonifie beaucoup en étant conservé.

La *visula* et la vigne d'*Argos*, qui viennent après, produisent beaucoup et de bons raisins ; mais elles craignent l'humidité qui les fait couler et pourrir : elles ne conviennent donc que dans les lieux secs et bien exposés au soleil.

Le raisin d'*Hevola*, aux baies d'un brun rouge, n'est pas très

----

(1) Capiti, nervis venisque non aptæ.
(2) Duplices uvas exigunt.
(3) Austerioris vini, sed æque perennis. Colum., l. III, 2.
(4) Où l'on récolte le fameux vin de Falerne (vinum Falernum) si souvent chanté par les poètes.
(5) Les Romains avaient rapporté ce plant de l'Aquitaine (aujourd'hui départements de l'Indre et du Cher (Berry).

productif, mais il donne un vin très agréable, d'une belle couleur. Il est aussi très hâtif.

L'*albuelis* ou raisin blanc est aussi planté communément sur les collines, où il donne de belles récoltes.

A cette classe appartient aussi l'améthyste, raisin noir qui donne un bon vin quoique léger, et que pour cette raison les Romains appelaient *inerticula*.

Il faut citer encore le *drakontion*, que les Romains avaient tiré de la Grèce, et dont les raisins succulents et abondants peuvent se comparer à ceux du roi (*basilea*) et le vin à celui de l'aminée.

Outre les espèces dont nous venons de parler, les auteurs romains en citent (1) encore un grand nombre, dont nous ne nous occuperons point ; et d'ailleurs, qui pourrait les mentionner toutes !

> Quem (numerum vitium) qui scire velit, Lybici velit æquoris idem
> Discere, quam multæ Zephyro versentur arenæ.
>
> (Virg.)

Quels cépages doit-on planter de préférence ? Seulement ceux dont la supériorité est bien établie, et par l'expérience d'autrui et par la sienne propre (2). Le choix fait, quelles sont les précautions qui restent à prendre ? On ne doit s'en rapporter qu'à soi pour le choix de ses plants, et ne pas en acheter à des étrangers dont on n'a pu s'assurer de la probité. Le mieux est de créer une pépinière, non seulement pour être sûr des espèces qu'on veut planter, mais aussi parce que celles qui viennent de pays peut-être très éloignés ne réussissent pas aussi bien que celles qui ont été élevées dans le même terrain que celui où elles doivent être transplantées. Celui qui se contente de plants achetés n'est jamais

---

(1) Entre autres trois *Helvenaciæ* (à feuilles tout à fait rondes), les *Oleaginia, Venucula, Scirpula, Slicula, Merica, Irtiola, Fereola, Arcelaca, Pergulana, Murgentina, Pompeiana, Numisiana, Rhætica*, le *Fragellana* noir, etc.

(2) Nullum genus vitium conserendum esse, nisi fama, nullum diutius conservandum, nisi experimento probatum. Colum., l. III, 2. Industrius vir probata deligat et terris talibus mandet, unde sumuntur. Pallad., l. III, 9. In novo genere seminum, ante experimentum, non est spes tota ponenda. Id., l. I, 6.

complètement sûr qu'on lui a parfaitement livré ce qu'il désirait,
et souvent, après quelques années, il s'aperçoit, à son grand
regret et à son grand dommage, qu'il a été trompé. En élevant
lui-même ses plants, il attend, il est vrai, plus longtemps avant
de récolter, mais aussi il est certain de leur qualité. Qu'il choi-
sisse donc un terrain convenable et l'espèce qui lui est appro-
priée, et ce n'est qu'en préparant bien le sol, et en donnant à la
vigne tous les soins dont elle a besoin, qu'il pourra compter sur
une réussite assurée (1).

§ 3.

La Pépinière de Vignes (*Vitiarium*).

On établit une pépinière de vignes comme une pépinière
d'arbres fruitiers, c'est-à-dire qu'on choisit un terrain passable,
ni trop bon, ni trop mauvais. Dans le second, la plupart des
plants périraient, ou bien ils ne seraient que trop tardivement
prêts à être transplantés ; dans le premier, ils se développe-
raient, au contraire, beaucoup trop, et finiraient par dépérir,
si on leur donnait plus tard un terrain de moindre qualité.
Si on transporte les plants d'un terrain médiocre dans un
mauvais, la différence n'est pas tellement grande qu'ils ne
puissent y croître, mais ils prospèrent d'autant mieux qu'ils
passent dans un sol meilleur (2). C'est donc une règle de disposer les pépinières d'arbres ou de vignes dans un terrain ayant
de l'analogie avec celui que ces arbres ou ces vignes doivent
occuper plus tard (3).

Quant au choix des boutures, nous trouvons indiqué chez les
anciens écrivains romains un procédé qui mérite d'être examiné

---

(1) Colum., l. III, 4. Voir aussi Colum., l. de Arb., 4.
(2) Colum., l. III, 5. Pallad., l. III, 9.
(3) Nam si colles vineis vel arbustis occupaturus es, providendum est, ut siccis-
simo loco fiat seminarium. Colum., l. de Arb., 4.

et peut-être suivi par nos viticulteurs. Les Romains coupaient les tiges dont ils voulaient faire des plants racineux (*vivi radices*), de façon qu'à chacune il restât un morceau de vieux bois. La tige ainsi coupée ressemblait à un marteau ; de là le nom de *malleolus* qu'on lui donnait (1). On n'agissait cependant pas toujours ainsi, car l'expérience semblait avoir démontré que si les vignes provenant de semblables tiges croissaient plus vite que les autres, elles vieillissaient aussi plus promptement (2). Le vigneron romain ne prenait pas ses plants au hasard et il ne se bornait pas seulement à les choisir sur les pieds qui une fois avaient le plus de raisins, mais sur ceux qui, dans les années antérieures (*Baisen* (3) du grec Baïs) en avaient le plus rapporté et avaient ainsi donné une preuve certaine de leur fécondité. Aussi, ces ceps étaient-ils observés à l'automne, et cela plusieurs années, de suite, et marqués de rouge ou de toute autre manière. En automne, en effet, on ne peut pas se tromper comme cela peut arriver si facilement au moment de la taille, au printemps où il n'y a ni feuilles ni fruits.

On voit souvent un cep qui, dans une année d'abondance, rapportera beaucoup et de bons raisins et qui n'en aura peut-être que peu et de mauvais les années suivantes. De là l'utilité de l'observation continuée pendant plusieurs années et la certitude qu'avaient les Romains, en agissant ainsi, de ne planter que des sujets provenant des ceps les meilleurs et les plus productifs.

Il n'est pas non plus indifférent de tailler ces plants sur telle ou telle partie du cep. Le vigneron inintelligent choisira soit les tiges les plus élevées et qui ont toujours poussé vigoureusement à cause de l'abondance de la séve qui s'y porte, soit les premières venues qui lui paraissent bonnes, afin d'avoir le plus promptement

---

(1) Colum., l. III, 6.

(2) Semina novella cum vetere sarmento cito comprehendunt et valenter crescunt, sed celeriter senescunt; at quæ sine vetere sarmento panguntur, tardius convalescunt, sed tardius deficiunt. Colum., l. de Arb., 3.

(3) On les appelait ainsi en Alsace.

possible la quantité qu'il lui en faut, sans penser que dans quelques années il pourra regretter son manque de discernement.

Il faut les couper non seulement sur les ceps les plus productifs, mais encore sur les parties qui ont donné le plus de fruits (1). On doit donc éviter avec soin de prendre soit les branches supérieures parce qu'elles sont trop fortes, soit celles du bas parce qu'elles produisent rarement. C'est dans le milieu que sont les meilleures, car elles n'ont pas trop retenu de séve. Quoique paraissant peu fortes, elles ont cependant donné des fruits, et comme elles vont occuper une meilleure position, elles prospéreront et ne tromperont pas l'espoir du vigneron (2).

Il faut rejeter aussi les branches gourmandes parce qu'elles sont stériles (3), ainsi que celles qui, ayant crû dans une partie féconde du cep n'ont pas porté de fruits, parce qu'elles sont aussi improductives (4). Les Romains ont aussi discuté sur la longueur qu'il fallait donner à ces plants ; cependant dans la pratique ils faisaient comme nous. L'intervalle qui sépare deux nœuds variant chez les diverses espèces, on ne pouvait leur donner la même dimension. On se bornait comme on le fait encore aujourd'hui, quand le bois avait six yeux, à en placer quatre en terre pour donner des racines, et deux en dehors pour donner des tiges. Il ne faut pas les enfoncer trop profondément afin de pouvoir, l'année suivante, les arracher plus facilement et sans endommager les racines. On les plantera par un temps calme et pas trop chaud afin qu'ils ne soient pas desséchés par le vent ou par le soleil (5).

---

(1) Pall., l. III, 9. — Voir Colum., l. de Arb. 2 et 3.

(2) Optima semina habentur a lumbis, secunda ab humeris, tertia summa in vite lecta, quæ celerrime comprehendunt et sunt feraciora, sed et quam celerrime senescunt. Colum., l. de Arb., 3.

(3) Pampinaria sarmenta deponi non placet, quia sterilia sunt. Ib.

(4) Palmitem, quamvis frugifera parte enatum, si fructum non attulerit ne vim quidem fæcunditatis habere. Colum., l. III, 10 ; on les appelait *spado*, σπάδων.

(5) Ponendæ sunt vites placidis diebus ac tepidis, curandumque ne sarmenta sole urantur aut vento, sed vel statim ponantur vel obruta reserventur. Pallad., l. III, 9. — Semina quam recentissima terræ mandare convenit ; si tamen mora intervenerit, quominus statim serantur, quam diligentissime obrui tota oportet eo loco, unde neque pluvias neque ventos sentire possint. Colum., l. de Arb., 3. Voir Colum., l. III, 19.

Les Romains faisaient aussi des provins avec de vieux bois, comme cela se pratique encore aujourd'hui au moyen de fosses (*mergi*). On courbait une branche et on la couvrait de terre en ayant soin d'en laisser sortir l'extrémité qu'on fixait à un échalas. Elle poussait de nombreuses racines, puis l'année suivante on la séparait de la tige mère ; on la laissait alors en place pour remplir un vide, ou bien on la transplantait dans un autre endroit. D'après Columelle, l'époque la plus favorable pour opérer cette séparation était de la mi-septembre à la mi-octobre (1), afin que pendant les mois d'hiver la racine prît une force convenable. Si on la pratiquait au printemps, au moment où les vignes commencent à pousser, le nouveau pied, privé tout d'un coup de la nourriture que lui donnait la tige-mère, dépérirait ou serait retardé dans son développement. C'est une très bonne chose, au commencement du printemps, de faire à cette tige une incision jusqu'à la moelle, afin que la jeune plante s'habitue peu à peu à vivre de ses propres moyens (2).

§ 4.

De la Plantation.

Combien d'espèces de vignes doit-on planter dans le terrain qu'on consacre à cette culture ? C'est encore chez les anciens Romains que nous trouvons la meilleure réponse à cette question, et beaucoup de nos vignerons allemands des bords du Rhin feraient bien de commencer à mettre en pratique les procédés que leurs maîtres employaient il y a deux mille ans. Ils disaient : Un vigneron sensé ne mélangera jamais les espèces dont l'expérience lui a démontré l'excellence avec des plants d'une qualité inférieure (3). Il devra multiplier seulement les bonnes espèces et ne

---

(1) C'est aussi à cette époque qu'on la pratique dans notre pays.

(2) Ut paulatim condiscat suis radicibus ali.

(3) Unumquodque genus vitium separatim serito : ita suo tempore putabis et vindemiabis. Colum., l. de Arb., 3. — Utilissima est generum dispositio. Colum., l. III, 21.

pas planter uniquement les mêmes, afin que dans une année mauvaise pour un plant particulier, un autre lui donne un produit, et qu'ainsi il ne perde pas toute une récolte (1). Cela ne doit cependant pas nous empêcher d'admettre divers cépages; nous devons seulement choisir ceux qui sont réputés les meilleurs et qui, arrivant en même temps à maturité, donnent un vin à peu près identique (2).

On peut, en général, en cultiver jusqu'à six; qui, comme qualité, se rapprochent autant que possible. Quant à leur arrangement, le plus convenable en même temps que le plus agréable pour l'œil est la disposition en lignes des espèces semblables (3).

Cet ordre, qui plaît aux yeux, permet aussi de mieux apercevoir les accidents qui peuvent survenir et d'y remédier plus promptement, en même temps qu'il rend la cueillette plus facile, puisque les vendangeurs n'ont pas besoin de passer d'une raie à une autre pour récolter ou les raisins de même espèce ou ceux qui sont également murs. Chacun suit tranquillement son rang et apporte ses raisins sans aucun mélange. Avec ce système, le vin y gagne aussi, puisque les raisins de mauvaise qualité sont séparés des bons (4).

§ 5.

La Taille.

Voici ce que nous trouvons chez les Romains relativement à la

---

(1) Non est uno genere omne pastinum conserendum, ne annus iniquus generi spem vindemiæ totius exstinguat. Pallad., l. III, 9. — Voir aussi : Baron de Babo, du Choix des cépages pour la plantation des vignobles dans le *Journal hebdomadaire d'Agriculture*, année 1838, n° 3 et suiv.

(2) Et ideo quatuor aut quinque eximii generis sarmenta pangemus — Non alias (vites) simul conseras, quam quæ et tempore et flore et maturitate conveniunt. Ibid.

(3) Sed maxime expediet genera tabulatim disponi. Pallad., loco citato.

(4) Jam et illud magnæ dotis est, posse gustum cujusque generis non mixtum, sed vere merum condere ac separatim reponere. Colum., l. III, 21.

taille et à la saison la plus propice pour la pratiquer. Si dans quelques contrées de l'Italie cette opération se faisait avant ou après l'hiver, on suivait généralement la règle suivante qu'on formulait ainsi : Il est dangereux de tailler la vigne pendant l'hiver. En effet, pendant la saison froide, la circulation de la séve est interrompue et la cicatrisation de la plaie produite par l'instrument tranchant ne peut avoir lieu, comme cela arrive au contraire au printemps, sous l'action de la séve en mouvement (1). Si l'on était assuré de ne pas avoir un hiver froid, et si le bois était parfaitement mûr, on pourrait tailler à l'arrière-saison, après la chute des feuilles ; mais si une température froide et de fréquentes gelées blanches semblaient présager un hiver rigoureux, on devrait remettre ce travail au printemps suivant (2). La taille de cette époque devrait être aussi préférée parce que l'expérience apprend qu'on augmente ainsi la quantité de fruits (3). Aussi Columelle dit que le meilleur temps est des calendes de mars au dixième jour avant les calendes d'avril (4).

Le vigneron doit à ce moment et par ce moyen tâcher d'obtenir le plus de fruits possible, disposer déjà les meilleures tiges pour l'année suivante et enfin assurer à la vigne la plus grande durée. S'il perd de vue ces trois préceptes, il peut causer le plus grand tort au propriétaire (5). Il doit couper ras et avec soin les rejets qui ont pu pousser au pied du cep, et dans l'arrière-saison, quand les souches sont déchaussées, détruire les racines superficielles afin que les autres puissent s'enfoncer plus profondément

---

(1) Quæ res (putatio per brumam) merito fieri prohibetur, quod frigoribus omnis surculus rigore torpet, nec propter gelicidia corticem movet, ut cicatricem consanet. Colum., l. IV, 29.

(2) Ubi maturius frigora fiunt aspericra, melius verno tempore. Varro, l. I, 34. Voir Cato, 33.

(3) Vitem si serius putes, fructus plurimos consequeris. Pallad., l. I, 6.

(4) A. Kal. Martii eximia est vitium putatio usque in X Kal. Aprilium (du 1er au 23 mars), l. XII, 2.

(5) Quandocumque vinitor hoc opus (putandi) obibit, tria præcipue custodiat. Primum, ut quam maxime fructui consulat, deinde ut in annum sequentem quam lætissimas jam hinc eligat materias, tum etiam, ut quam longissimam perennitatem stirpi acquirat. Colum., l. IV, 24. Voir Cato, 32 et 33.

et ne pas être endommagées par l'outil en cultivant la terre (1). Les parties mâlandreuses du bois doivent être enlevées jusqu'à la partie saine au moyen d'un instrument tranchant, et les plaies recouvertes d'une espèce de mastic fait d'un mélange de terre et de dépôt d'huile (2).

Cet emplâtre éloigne non seulement les insectes qui rongent le bois (*teredines*) et les fourmis, mais il empêche l'entrée de l'eau et hâte la cicatrisation. Il faut aussi débarrasser les tiges de cette écorce desséchée qui s'en va en lambeaux, précaution qui diminue la quantité de lie (3) qu'aurait autrement le vin,

On doit aussi râcler avec soin la mousse qui recouvre si souvent le bois et qui est pour la plante une cause d'épuisement, en même temps qu'elle sert d'abri à de nombreux insectes (4).

Les Romains nous donnent encore une réponse à cette question : Doit-on tailler court ou long les branches à fruits ? Ils disaient, et les vignerons experts suivent encore ce précepte, qu'une espèce de vigne ne devait pas être taillée comme une autre. Le cep est-il vigoureux, on peut lui laisser des tiges plus longues (*duramenta*) et plus nombreuses que s'il est délicat (5). Quant à la nature du sol à cet égard, il faut tailler court dans un terrain maigre. Il est impossible de fixer d'une manière absolue la longueur à donner à la taille, car il faut tenir compte, dans chaque cas, du plus ou moins grand nombre d'yeux que présente la vigne. Les yeux sont-ils placés les uns près des autres, la vigne ne sera pas taillée aussi long que s'ils étaient éloignés. Le rapport plus ou moins considérable de la vigne dans l'année qui vient

---

(1) Æstivas radiculas prudens agricola ferro decidit, nam si passus est convalescere, inferiores deficiunt, atque evenit ut vinea summa parte terreni radices agat, quæ et frigore infestentur et caloribus majorem in modum æstuent, ac vehementer sitire matrem in ortu caniculæ cogant. Colum., l. IV, 8.

(2) Deinde falce eradi vivo tenus, ut a viridi codice ducat cicatricem. Colum., l. IV, 24.

(3) Quod minus vino fæcis affert. Cortex etiam recisus et pendens a vite tollatur : quæ res minorem fæcem reddit in vino. Pallad., l. III, 12.

(4) Muscus radiatur ubicumque repertus. Pallad., ibid.

(5) Les vignerons de la basse Alsace laissent encore à chaque pied de 3 à 4 rameaux à fruits.

de s'écouler est aussi une circonstance dont il faudra tenir compte.

A-t-elle beaucoup donné, il faut la ménager et la tailler très peu ; dans le cas contraire, on lui laissera beaucoup de bourgeons à fruits pour la forcer à produire (1).

Une des premières conditions pour bien tailler la vigne et les arbres, c'est de se servir d'un bon instrument, avec lequel on n'ait ni besoin de frapper sur la branche qu'on veut couper, ni besoin de la rompre (2). De mauvais outils font non seulement perdre du temps, mais en outre ils produisent des surfaces inégales qui retiennent l'eau, ce qui cause la pourriture du bois. La section doit être faite d'un seul coup et sur le côté de la tige opposé à l'œil, afin que le liquide qui s'écoule par cette plaie ne le fasse pas périr (3) ; elle ne doit donc pas être pratiquée trop près d'un bourgeon, mais entre deux yeux et en lui donnant une direction oblique pour que d'une part l'œil ne se dessèche pas et que de l'autre sa surface ne retienne pas d'eau (4).

Remarque. — Les Romains se servaient pour tailler la vigne d'une scie (*serra*) et d'un instrument en forme de faucille (*falx putatoria* ou *vinitoria*) semblable à celui d'Alsace (*Sesel*). On emploie aussi les mêmes outils dans le duché de Bade. Les Romains avaient aussi des gants (*digitalia*), pour éviter de se blesser.

---

(1) Post largos fructus parcendum est vitibus et ideo anguste putandum ; post exiguos imperandum. Colum., l. IV, 24. Post bonam vindemiam strictius, post exiguam latius puta. Pallad., l. I, 6.

(2) Tutior et utilior putatio est, quæ ductu falcis, non ictu conficitur. Colum., l. IV, 25.

(3) Omnis incisura sarmenti avertatur a gemma, ne eam stilla, quæ fluere consuevit, exstinguat. Pallad., l. I, 6. Plaga non juxta gemmam, sed aliquanto superius fiat et avertatur a gemma propter lacrymam defluentem. Pallad., l. III, 12.

(4) Quæ putatio non debet secundum articulum fieri, ne reformidet oculus, sed medio fere internodio ea plaga obliqua falce fit, ne, si transversa fuerit cicatrix, cœlestem superincidentem aquam contineat, sed nec ad eam partem, qua gemma est, verum ad posteriorem declinatur, ut in terram potius revexa, quam in germen delacrymet, namque defluens humor cœpat oculum, nec patitur frondescere. Col., l. IV, 9.

§ 6.

L'Échalassement (*Impedatio*).

Aussitôt que les Romains avaient fini de tailler la vigne, ils
s'occupaient des poteaux et des échalas (*pedamina, pedamenta*).
Ceux qui étaient tout à fait pourris étaient mis de côté, et on employait de nouveau, après les avoir réparés, ceux qui n'étaient
qu'endommagés. Pour faire les poteaux (*postes*), les échalas, les
solives (*materies transversa*) et les pieux (*pali*), on choisissait de
préférence les bois d'olivier, de chêne ordinaire, de chêne liége,
de châtaignier ; on prenait aussi ceux de sapin, de sureau, de
genevrier, de laurier et de cyprès. On préférait les pieux fendus
à ceux qui étaient simples ou faits d'un seul morceau. La *cham-
bre* (1) (berceau ou tonnelle) était préparée avec le même soin.
Les supports (*juga*) et les pièces de bois en mauvais état étaient
remplacées. Les poteaux étaient solidement maintenus, de sorte
qu'ils ressemblaient à une véritable construction, dont les diverses parties étaient liées les unes aux autres au moyen de tiges
d'osier dont on faisait des plantations spéciales destinées à cet
usage. Les liens qui attachaient les pieds et les branches de la
vigne étaient coupés et renouvelés chaque année (2), ils devaient

---

(1) *Camera, vitis camerata*, A. Wissembourg, Bergzabern, etc., *kammet*, vraisem-
blablement pour *Kammert*. C'est ce mot qu'adopte Mone (*Histoire des origines du pays
Badois*, t. I, p. 61). Les pieds de vignes et les poteaux étaient disposés en rangs distants les uns des autres de quatre pieds en longueur et en largeur. Les solives re-
posaient dans une entaille pratiquée sur les montants, et formaient des carrés comme
cela se voit encore dans le Palatinat. Vitis quasi quadrato circumfirmanda est *agmine
ut prorepentes undique pampini jungantur, et condensati cameræ more*, terram sitien-
tem obumbrent. Colum., l. IV, 17. Dans les pays froids et sujets aux gelées, on
plantait la vigne en simples rangs. Frigidis et pruinosis regionibus *simplices ordines*
instituendi. Ibid.

(2) Providendum est omnibus annis vitem resolvi ac religari, quia refrigeratur.
Pallad., l. III, 13. Les pieux et les échalas (*steken*) étaient arrachés après la récolte
et disposés en tas (*haufen*) pour passer l'hiver. C'est de là que vient probablement
la dénomination de *stekhaufen* (littér. tas d'échalas) qui sert à désigner une certaine
contenance de vigne. Un *stekhaufen* = 1|2 *jauch* (Jauchert, jugerum). Ainsi 12 Haufen
= 1 journal. *Martin*, de la culture de la vigne dans le cercle ouest du Rhin (grand-
duché de Bade).

être serrés modérément, de manière à ne pas blesser les tiges et même à ne pas trop les comprimer.

On pensait aussi qu'il était utile de les changer de place chaque année, si cela était possible (1). Les branches taillées étaient fixées dans tous les sens aux supports en bois afin que plus tard elles ne fussent pas entraînées à terre ou brisées par le poids des fruits. On attachait les plus petites branches comme on le fait encore aujourd'hui chez nous, avec du jonc, du roseau ou de la paille.

§ 7.

L'Épamprement (*Pampinatio*).

Le vigneron romain épamprait sa vigne aussi souvent que cela lui paraissait nécessaire pour donner aux raisins la quantité d'ombre et de lumière qui leur conviennent. Si on la dégarnit trop, les raisins sont brûlés par le soleil; lui laisse-t-on au contraire des feuilles en excès, ils mûrissent trop lentement et d'une façon inégale, n'ayant pas reçu les rayons du soleil, et donnent un mauvais vin. Dans les endroits secs et chauds on ne doit pas épamprer, il faudrait plutôt mettre les raisins à l'abri des ardeurs du soleil (2).

Le premier épamprement (3) se fait aussitôt que les jeunes pousses ont pris quelque consistance, c'est-à-dire à ce moment où elles peuvent être facilement brisées avec les doigts (4). Les

---

(1) Palmites ne duro vinculo ligentur, ne eos vinculum recidat aut atterat. Pallad., l. III, 13 Idque facere non oportebit omnibus annis eodem loco, ne vinculum incidat et truncum strangulet. Colum., l. IV, 26. Voir Cato, 33.

(2) Locis calidis, siccis, apricis, pampinandum non est, cum magis vitis optet operiri. Et ubi Vulturnus (vent du sud-ouest) vineas exurit, aut flatus aliquis regioni inimicus, vitem tegamus straminibus vel aliunde quæsitis. Pallad., l. I, 6.

(3) Ubi vinea frondere cœperit, pampinato. Cato, 33.

(4) Tunc est opportuna pampinatio, cum teneri rami digitis stringentibus crepabunt sine difficultate carpentis. Pallad., l. VI, 2. Idem vinitor, qui ante ferro, nunc manu decutiet, umbrasque compescet ac supervacuos pampinos deturbabit. Colum., l. IV, 27.

Romains, comme on le fait encore beaucoup chez nous, cassaient tous les rejetons (*nepotes*), quoiqu'ils fussent utiles à la formation des jeunes yeux.

Ils coupaient aussi les vrilles (*capreæ, capreoli*) (1).

Le second épamprement, celui qui demande le plus de soins, a lieu avant la floraison (2). A cette époque on enlevait toutes les branches gourmandes, celles qui n'avaient pas donné de rameaux à fruits et qui étaient inutiles pour les années suivantes; on rognait aussi les extrémités des branches qui se développaient trop (3).

Mais au moment de la floraison on n'entrait pas dans les vignes, car on ne doit toucher à rien de ce qui est en fleur (4). Les meilleurs œnologues d'aujourd'hui recommandent aussi le pincement des branches, comme on le pratique pour les arbres fruitiers ordinaires (5).

On doit répéter l'épamprement dans le cours de l'été et surtout au moment où les raisins commencent à se colorer (6). Le vigneron intelligent doit déjà, en faisant ce travail, songer à la

---

(1) On les appelle aussi, dans notre pays, tantôt *Aberzahne*, tantôt *Geizen*, quoique ce dernier mot désigne seulement ce qu'on appelle *Krangel* et *Gabeln* (fourchettes des vignes, cornes, vrilles), comme en ont les vesces, les pois et d'autres plantes. *Geise* est pris pour *Geize* (*capra*), d'où vient le mot *geisen*, grimper, escalader.

(2) Ante dies X, quam vinea florere incipit, pampinatam habeto. Colum., l. *de Arbor*, 11. Tempus autem pampinationis, antequam florem vitis ostendat, maxime est eligenuum. Colum., l. IV, 28.

(3) Cacumina virgarum, ne luxurientur, demutilato. Colum., l. *de Arbor.*, 11. Voir aussi Colum., l. IV, 6. Cacumina flagellorum confrigere luxuriæ comprimendæ causa, vel a dura parte aut a trunco surgentes pampinos submovere oportebit. Colum., l. IV, 27.

(4) Quæ florent, constat non esse tangenda. Pallad., l. I, 6. C'est donc une opinion tout à fait opposée à celle qui permet (à tort) l'épamprement à l'époque de la fleur. Voir le *Journal hebdomadaire d'agriculture*, nos 22 et 23.

(5) J'ai pû, par une expérience qui m'est personnelle et qui date de plusieurs années, constater l'utilité de ce pincement. Cette année (1846), les yeux de la partie supérieure de la tige rognée ont bientôt donné des raisins, qui, entrant en fleur au commencement de juillet, promettent de mûrir, et par conséquent de donner une double récolte.

(6) Neque enim satis est semel aut iterum tota æstate viti detrahere frondem supervacuam. Colum., l. IV, 27. — Ubi varia uva fieri cœperit, pampinato. Cato, 33. Voir Colum., l. *de Arbor.* 12.

taille de l'année suivante, c'est-à-dire qu'il ne faut pas qu'il enlève indifféremment telle ou telle pousse parce qu'elle lui tombe sous la main; qu'il réfléchisse avant de le faire, si celle qu'il se dispose à couper ne lui sera pas nécessaire plus tard. Qu'on ne confie donc pas cette importante opération à des gens qui ne la comprennent pas bien et qui peuvent ainsi causer le plus grand dommage (1).

Les jeunes vignes doivent aussi être débarrassées fréquemment des feuilles et des vrilles en excès; il faut veiller à ce que les sucs nourriciers ne soient partagés qu'entre deux branches au plus, afin qu'elles croissent vigoureusement. Il est prudent d'en laisser toujours deux pour ne pas en manquer dans le cas où l'une d'elles viendrait à périr.

§ 8.

Le Labour (*Fossio*).

Les vignes et les jeunes plants en particulier, dont les racines ne sont pas encore enfoncées profondément en terre, et qui n'ont pas atteint leur complet développement, doivent être l'objet des soins les plus assidus. Le terrain dans lequel ils sont plantés doit être maintenu en bon état, souvent pioché et débarrassé de toutes les mauvaises herbes. Les Romains aimaient beaucoup qu'il se produisît de la poussière en cultivant leurs vignes, car, d'après eux, elle protégeait non seulement les raisins contre les atteintes du brouillard ou d'un trop grand soleil (2), mais elle augmentait encore leur rapport (3). Il paraît même, d'après Palladius, qu'ils poudraient les vignes pendant l'été, méthode qui a été vantée, dans ces derniers temps, par quelques écrivains, comme

---

(1) Vites pampinari, sed a *sciente* (c'est-à-dire par un individu sachant son métier), dit Varro, 1. I, 31.

(2) Post meridiem fodito, pulveremque excitato : ea res et a sole et a nebula maxime uvam defendit. Colum., 1. *de Arbor*, 12.

(3) Nam fit uberior pulverationibus. Colum.. 1. IV, 28.

très avantageuse pour les arbres fruitiers et comme très utile pour préserver le colza en fleur des ravages des altises (1).

Quand les racines sont enfouies profondément et ont pris de la force, on peut demander davantage aux vignes; mais si on les laisse une fois dépérir, on ne pourra jamais, même avec les plus grands soins, leur rendre leur première vigueur.

Ne ménageons donc pas notre peine, et l'expérience nous prouvera qu'un vignoble bien planté et bien entretenu indemnise toujours largement son propriétaire de sa peine et de ses dépenses. Qu'on n'en plante donc qu'autant qu'on en peut bien cultiver, car un petit enclos de vignes, garni de bonnes espèces et bien entretenu, rapporte plus qu'un autre de double grandeur, mais négligé (2).

Les Romains piochaient leurs vignes au moins trois fois par an. Plusieurs le faisaient même plus souvent, puisque Columelle dit que ce travail ne finit jamais, et que plus on le répète, plus la récolte est abondante (3).

§ 9.

La Greffe (*Insitio*)

Nous voyons par les auteurs romains qui ont écrit sur l'agriculture, que l'amélioration de la vigne par la greffe n'est pas une invention des temps modernes, mais que les Romains la connaissaient il y a plus de deux mille ans, et la pratiquaient sou-

---

(1) Hoc mense (martio) novella vinea incipit pulverari, quod nunc ac deinceps per omnes kalendas usque ad octobres faciendum est. Pallad., l. IV. 7. Ainsi donc, tous les mois de mars à octobre. Théophraste disait déjà qu'il était très avantageux de poudrer les arbres fruitiers. Les habitants de Mégare couvraient de poussière, pendant la canicule, leurs melons et leurs courges pour les rendre plus sucrés.

(2) Voir Colum., l. IV, 13, où il compare l'élève de la vigne à l'éducation des enfants.

(3) Finis autem fodiendi vineam nullus est; nam quanto sæpius foderis, tanto uberiorem fructum reperies. L. *de Arbor.*, 12.

vent, soit pour introduire dans leurs vignobles un cépage meilleur, soit pour rajeunir une vieille vigne.

Julius Atticus pensait qu'on pouvait, sans inconvénient, greffer la vigne de novembre à juin. Columelle dit qu'on peut le faire pendant toute l'année, pourvu qu'on ait des sarments dont la séve ne soit pas en mouvement (1).

Cette opération (dit-il dans le même passage), qui réussit parfois bien quand on la fait en petit, ne doit pas être tentée en grand, parce que, dans ce dernier cas, on ne peut pas l'entourer des mêmes soins que si on ne la pratique que sur quelques sujets.

C'est pendant les journées chaudes et calmes (2) du printemps (3) qu'elle réussit le mieux, au moment où les yeux se séparent de l'écorce et où il n'y a plus à redouter de froid qui puisse être dangereux pour la plaie produite par l'instrument tranchant. La branche à insérer dans la greffe doit être complètement mûre, bien formée et d'une bonne espèce. Il importe aussi que le bois soit dur, la moelle saine, et qu'elle présente beaucoup d'yeux et de bourgeons à fruits. Elle doit avoir beaucoup d'yeux sans cependant être longue; que ses nœuds ou articulations soient assez distants les uns des autres, et qu'on la taille à la hauteur de deux yeux au plus.

Le sujet à greffer doit être coupé d'une façon nette, à fleur de terre, ou même un peu au-dessous. Avant de faire l'incision, il faudra le lier en dessous, de façon à ce qu'elle ne pénètre pas trop profondément; la greffe sera taillée en forme de coin et appliquée de manière à ce que ses parties soient en contact avec celles de même nature, c'est-à-dire l'écorce avec l'écorce, et la

---

(1) Eo debemus intelligere, nullam partem anni excipi, si sit sarmenti silentis facultas. L. IV, 29.
(2) Diem tepidum silentemque a ventis eligat. Colum., l. IV, 29.
(3) Vitis insitio (dit cependant Caton, 41), una est per ver, altera est cum uva floret, ea est optima.

moelle avec la moelle (1). La plaie sera mastiquée et liée légèrement; on plantera aussi un petit échalas pour y fixer et cette
greffe et les pousses qu'on en attend. Il est à craindre que la
séve en se précipitant avec abondance vers cette partie ne lui
soit préjudiciable; il est bon, pour éviter cet inconvénient, de
faire quelques incisions au-dessous de la greffe pour laisser s'é-
chapper la séve en excès (2). Columelle a pu, par ce procédé,
changer dans l'espace de deux ans, en espèces meilleures, deux
jugera de vignes (3) avec les greffes fournies par un seul pied.

Les Romains employaient encore un autre moyen pour améliorer leurs vignes, c'était la perforation (*terebratio*). On perçait
un trou dans la tige de la vigne dont on voulait changer l'espèce, et par cette ouverture on introduisait une branche d'un
autre pied croissant à sa proximité. On ne la séparait pas de la
tige-mère, on se contentait de boucher les deux ouvertures de la
plaie. Il ne faut pas les séparer promptement, mais, pour plus de
sûreté, attendre l'année d'après; on coupe aussi de l'ancien bois
tout ce qui est au-dessus de la nouvelle tige. On peut aussi introduire dans le trou qu'on a percé, et de manière à ce qu'elles y
adhèrent par toutes leurs surfaces, des branches séparées de la
tige-mère, mais délicatement privées de leur écorce. On ferme la
plaie et on coupe toutes les autres branches. L'instrument à per-
cer doit être parfaitement tranchant, de manière à ne pas laisser
d'esquilles à l'intérieur de ce trou (4).

---

(1) Illigari tamen eum, priusquam vitis findatur, conveniet, ne, cum scalpro factum
fuerit iter surculo, plus justo plaga hiet. Colum., *ibid*. Voir Colum., l. *de Arbor.*, 8.

(2) Infra insitionem et alligaturam falce acuta leviter vitem vulnerato ex utraque
parte, ut ex his potius plagis humor defluat, quam ex insitione ipsa abundet; nocet
enim nimius humor, nec patitur surculos insertos comprehendere. Colum., l. *de Arbor.*, 8.

(3) A me duo jugera vinearum intra tempus biennii ex una præcoque vite insitione
facta consummata. L. III, 9.

(4) Perusta pars perraro unquam comprehendit insertos surculos. Colum., l. *de
Arbor.*, 8. Voir aussi l. IV, 29.
S'il en était autrement, on ne pourrait pas introduire la branche.

§ 10.

Renouvellement d'une Vigne (*Renovatio*),

Les Romains avaient encore, outre la greffe, une autre méthode
rapide et sûre de renouveler et de rajeunir leurs vignes. Il consistait à coucher et à enterrer les vieux pieds. L'année d'avant,
on avait eu soin de les tailler très court, afin de leur faire pousser
de longues et fortes tiges, que pendant l'été on liait en les rele-
vant. Au printemps, quand le sol était bien desséché et que la sève
commençait à monter, on enfouissait le pied de vigne, on couvrait
le vieux bois de terre bien piétinée, puis on étendait horizontale-
ment, et à une profondeur convenable, les jeunes pousses, là où
l'on voulait avoir de nouveaux ceps.

Cette méthode de rajeunissement est employée dans le midi de
la France et dans quelques parties des bords du Rhin ; elle re-
vient à peine à la moitié du prix que coûterait une nouvelle plantation, et une vigne ainsi traitée donne dès la première année une
demi-récolte, tandis que ce n'est pas avant cinq ou six ans
qu'une nouvelle plantation en produirait autant (1).

§ 11.

De la meilleure Exposition d'un Vignoble.

Les Romains ont aussi discuté la question de savoir quelle était
l'exposition la plus favorable pour un vignoble. Saserna donnait
la préférence au levant, Tremellius Scrofa au midi ; Démocrite et
Magus, au contraire, recommandaient le nord. Ils croyaient que
les vignes plantées à cette exposition donnaient beaucoup plus de
raisins, en reconnaissant toutefois que le vin en était d'une qua-

---

(1) Voir Noah, *Journal mensuel de viticulture, etc.* livr. de février 1846.

lité inférieure. Columelle n'est d'aucun de ces avis en particulier; mais, en vigneron pratique et de bon sens, il dit : Dans les pays froids, plantez la vigne au midi ; au levant dans les climats tempérés, en ayant soin qu'elle soit, autant que possible, abritée des vents d'est ; et enfin, dans les pays chauds, où les raisins ont besoin d'être protégés contre un soleil trop ardent, donnez-lui l'exposition du nord (1). En général, on préférait, comme aujourd'hui, les collines fertiles et exposées au soleil (2), parce que le vin qu'on y récolte est plus agréable et plus solide que celui de la plaine (3). Les vignes des plaines, celles qui regardent l'ouest, et en général toutes celles qui sont cultivées dans des endroits peu chauds, donnent, il est vrai, beaucoup plus de raisins que les autres, mais aussi un vin médiocre (4).

§ 12.

Des divers Modes de Plantation.

Quand les Romains voulaient planter une vigne, ils choisissaient de préférence un sol couvert de bois ou d'arbres fruitiers. Ils ne remettaient en vigne un champ qui en avait déjà porté, qu'après l'avoir cultivé pendant plusieurs années comme terre labourable.

Dans le premier cas, le terrain qu'on y destinait était défriché

---

(1) Locis frigidis a meridie vineta ponantur, calidis a septentrione, temperatis ab oriente vel, si necesse est, occidente. Pallad., l. I, 6.

(2) Vineæ sint collinæ. Varro, l. I, 6.

(3) Montibus clivisque vineæ difficulter convalescunt, sed firmum probumque saporem vini præbent. Humidis et planis locis robustissimæ, sed infirmi saporis vinum, nec perenne faciunt. Colum., l. de Arbor., 3. Voir aussi Colum.. l. III, 21, et Pallad. l. II, 13.

(4) Campi largius vinum, colles nobilius ferant. — Aquilo vites sibi objectas fœcundat, auster nobilitat. Pallad., l. I, 6.

Neve tibi ad solem vergant vineta cadentem.

(VIRG.)

à une profondeur de deux à quatre pieds ou divisé en longues fosses. Il était ensuite partagé en bandes ou rangées (1).

On ne touchait pas à la première; la seconde était creusée de deux à trois pieds, et la terre jetée à droite et à gauche sur la première et la troisième. On passait les troisième et quatrième bandes; on leur donnait une largeur triple de la profondeur des fosses. On creusait la cinquième rangée en alternant de la même façon. Une partie de la terre extraite était gardée pour la jeter dans les fosses quand les plants étaient assez forts.

Dans les pays plats (*agri viniferi*), les Romains plantaient comme cela se pratique encore dans quelques localités des bords du Rhin, mais cependant avec quelques modifications de l'ancienne méthode, puisque seulement quelques rangs de vignes entourent un champ comme une clôture.

Les Romains établissaient aussi dans le milieu du champ des raies qui étaient suffisamment distantes les unes des autres, pour que l'espace intermédiaire pût être labouré à la charrue (2). Ils laissaient parfois un intervalle de cinq pieds de large seulement, pour pouvoir cultiver à la bêche. Dans le premier cas, on muselait les bœufs pour les empêcher de brouter la vigne (3).

Les vignes ainsi disposées étaient, comme le disent les auteurs romains (4), très vigoureuses et très productives. Cela est facile à comprendre, puisque étant isolées elles pouvaient mieux recevoir la bienfaisante action du soleil.

Nous ne plantons pas nos vignes tout à fait de la même ma-

---

(1) Chaque rang portait le nom d'*ordo*. L'espace compris entre deux rangées s'appelle *Fach* dans la basse Alsace, et le plus extérieur *Ortfach* (*Ordfach*, clôture).

(2) Intervalla pedamentorum, qua boves juncti arare possint. Varro, l. I, 8.

(3) Boves fiscellas habere oportet, ne herbam sectentur, dum arabunt. Cato, 54. — Ces muselières étaient faites en filet résistant. On s'en sert encore en Alsace, on les met aux bœufs quand on laboure près de champs dont ils pourraient endommager la récolte.

(4) Hæc positio vinearum modum sine dubio majorem occupat, sed valentissima et fructuosissima est. Colum., l. *de Arbor.*, 4. Voir Pallad., l. I, 6, et Colum., l. III, 13.

nière que les Romains nos maîtres ; ces derniers mettaient par
pied carré, trois, quatre et même cinq plants, à deux ou trois
pouces de distance. Sur ce nombre de plants, on était ainsi toujours assuré d'en voir réussir au moins un ou deux.

D'après Columelle, on plantait de 16 à 20,000 pieds dans un
journal romain (1). On admettait que sur ce nombre 6,000 man-
quaient ; s'il en restait plus qu'il ne fallait, ils étaient arrachés et
vendus dans les provinces. Chaque journal de vigne était divisé
en quatre carrés (*tabulæ*) par de petits sentiers qui servaient à
en faire commodément le tour ; ces carrés, à leur tour, se parta-
geaient en autres plus petits, qu'on appelait *petits jardins* (hor
tuli) (2), et dont chacun renfermait souvent une espèce particu-
lière de raisins (3).

Les Romains avaient rapporté de la Gaule un mode de culture
que nous voyons encore communément employé aux environs de
Wissembourg et dans le Palatinat ; ils avaient aussi appris des
Gaulois à se servir des tonneaux. Voici comment ils établissaient
ce qu'ils appelaient un *rumpotinum*. Des ormes étaient coupés,
les uns à quinze, les autres seulement à huit pieds du sol, et les
vignes étaient disposées sur leurs branches maintenues à une
égale hauteur (4). On voit presque partout de ces hauts berceaux
à la porte des maisons de village ou à l'entrée des cours, avec
cette différence cependant, c'est qu'on emploie comme supports
des poteaux au lieu d'arbres vivants. Quant aux autres, qui n'ont
guère que huit pieds de haut, on en élève surtout dans les jar-

---

(1) Le *jugerum* romain avait deux quadratactus, et se composait de 100 *scripula*.
La centième partie du *scripulum* égalait donc la 228ᵉ partie du *jugerum*.

(2) C'est de là que vient certainement notre dénomination allemande de *Weingarten*,
dans le palatinat *Wingert*.

(3) Nihil dubito, quin per species digerendæ vites disponendæque sint in proprios
hortos, semitis ac decumanis distinguendæ. — Prudentis agricolæ est, vitem quam
probaverit, nulla interveniente alterius notæ stirpe conserere. — Ut separatorum sur-
culorum cujusque generis singulos hortos inseramus. Colum., l. III, 20 et 21. Singu-
lorum generum surcula tabulatim inserere. Pallad., l. III, 9.

(4) Pline, *Histoire naturelle*, nº XIV, 1.

dins, ou bien aux extrémités des vignes et dans le chemin qui les divise. Ces belles allées couvertes sont des plus agréables et du plus bel effet.

Les Romains connaissaient aussi la culture de la vigne en pyramide (1), dont il n'y a rien à dire de nouveau, si ce n'est que cette invention n'est pas moderne.

§ 13.

De la Fumure des Vignes (*Stercoratio*).

Les Romains étaient très circonspects à cet égard, car ils savaient déjà que les engrais animaux à l'état frais, nuisent à la qualité du vin (2). Ils employaient de préférence du fumier déjà vieux et mélangé à de la terre. Ils le mettaient dans des trous creusés entre les rangées de vignes, ou bien ils l'enfouissaient au pied des ceps, en évitant avec soin qu'il touchât les racines ou la souche. Ils fumaient assez souvent leurs vignobles pour les maintenir dans un état vigoureux. C'était chez eux une règle de ne pas trop fumer à la fois, mais peu et souvent. Ils ne conduisaient que la quantité d'engrais qu'ils pouvaient enterrer le même jour, afin d'éviter, ce qui n'arrive, hélas! que trop souvent chez nous, que le vent et le soleil ne lui enlèvent ses éléments les plus précieux. On en donnait plus aux parties supérieures qu'aux inférieures, plus aussi aux lieux humides qu'aux secs (3). Les Romains montraient encore, dans ce cas, leur sagacité et leur expérience, dont nous devrions profiter plus souvent.

Ils connaissaient aussi l'utile emploi de la marne, qu'ils avaient

---

(1) Velut arbusculæ brevi crure sine adminiculo per se stantes. — Vinea a terra subrecta more arborum in se consistens. — Vitis quæ sine adminiculo suis viribus consistit. Colum., l. *de Arbor.*, 4.

(2) Lætamen in vineis saporem vini vitiare consuevit. Pallad., l. X, 1.

(3) Voir Pallad., l. X, 1.

appris dans la Gaule, et ils savaient améliorer ainsi les terrains sablonneux, les sols marneux avec du sable, et bonifier avec de la chaux les terres froides ou humides (1).

Ils faisaient aussi des composts ou mélanges d'engrais. Tout ce qui provenait du nettoyage des cours et des rues, les feuilles, la paille, la boue des fossés et des ruisseaux, etc., tout cela était mis en tas, arrosé de temps en temps, travaillé jusqu'à ce que la pourriture en soit complète, puis enfin conduit dans les champs et dans les prés (2).

Les Grecs leur avaient enseigné le mode de fumure avec des plantes vertes, des lupins, des vesces, etc. On semait de trois à quatre boisseaux de graines par journal, on hersait, et quand les plantes étaient en fleurs on les enterrait. Ce procédé était très souvent employé pour la vigne (3).

On a donné aussi comme une nouveauté la manière suivante de fumer la vigne, qui était connue et pratiquée en Italie bien avant qu'on eût entendu parler de raisins sur les bords du Rhin. Il consistait à enfouir au pied de ses racines ses tiges de l'année, réduites en fragments (4).

On fumait aussi le pêcher avec ses propres feuilles (5).

Les anciens paraissent, en général, avoir eu cette opinion, qui n'est pas dénuée de fondement, que les tiges et les feuilles d'une plante étaient le meilleur engrais qu'on pût lui donner.

---

(1) Voir à cet égard Colum., l. II, 16. Pline, *Histoire naturelle*, n° XVII, 6.

Mone cite un document relatif à Otigheim, près Rastatt, portant la date de 1533, qui prouve que l'on employait à cette époque la marne dans le grand-duché de Bade : « Jerlichs zwen morgen ackers mit myst und mergel dingen. »

(2) Voir Colum., l. II, 15. Pallad., l. I, 33.

(3) At si quis lupinum stercorandi agri causa seminabit, aratro illum nunc (mense maio) debebit evertere. Pallad., l. VI, 4. Lupinus optimum stercus praebet in vineis quia lætamen propter vini vitium non convenit inferre vinetis. Pallad., l. IX, 2. — Hoc mense (septembri) ut loca fœcundentur exilia, lupinus circa idus seritur, et ubi creverit, vertitur vomere, ut putrefiat excisus. Pallad., l. X. 9.

(4) Vitis si macra erit, sarmenta sua concidito minute, et ibidem inarato aut infodito. Cato, 33. Pro macie vel soliditate vitium nutrienda sarmenta putator injungat. Pallad., l. I, 6.

(5) Persici suis stercorandæ foliis. Pallad., l. XII, 7.

Le fumier en poudre leur était aussi connu ; car Palladius dit
que dans le cas où l'on n'a pas pu, en temps opportun, c'est-à-dire
avant les semailles, conduire le fumier dans les champs, il faut
les couvrir d'une couche de ce fumier réduit en poudre, en le je-
tant comme si l'on semait du blé (1).

On a aussi vanté dernièrement la fumée pour protéger les
vignes et les autres plantes contre les brouillards et les gelées si
funestes du printemps. Eh bien ! les Romains savaient déjà l'employer. Ils faisaient, de distance en distance, des tas de paille, etc. ;
ils les allumaient en cas de menace de mauvais temps, et la fumée
se répandait ainsi de tous les côtés (2).

On a aussi commencé, il n'y a pas longtemps, à saler, pour
les faire manger pendant l'hiver aux bestiaux, les herbes qu'ils
n'ont pas pu consommer pendant l'été. Les Romains le faisaient
déjà (3).

§ 14.

La Vendange (*Vindemia*).

Les Romains s'assuraient, au moyen des pépins, de la maturité
des raisins. Ils croyaient, qu'en raison de leur position au milieu
des baies, les graines ne mûrissaient et ne se coloraient pas sous
l'action des influences extérieures, mais par un effet de leur
propre nature (4).

---

(1) Sed si suo tempore ejici lætamina non poterunt, antequam seras, more seminis
per agros pulverem stercoris sparge. L. X, 1.

(2) Paleas et purgamenta pluribus locis per hortum disposita simul omnia, cum
nebulas videris instare, combures. Pallad., 1. 85. Palearum acervos inter ordines
verno tempore positos habeto in vinea, cum frigus contra temporis consuetudinem in-
tellexeris, omnes acervos incendito, ita fumus nebulam et rubiginem removebit.
Colum., 1. *de Arbor*, 13.

(3) Cum stramenta condes, quæ herbosissima erunt, sale spargito. Cato, 54.

(4) Colorem nulla res vinaceis potest afferre, nisi naturæ maturitas, præsertim cum
ita media parte acinorum sint, ut et a sole æstivante et a ventis protegantur, humor-
que ipse non patitur ea percoqui aut infuscari, nisi suapte natura. Colum., 1. XI, 2.
Voir Pallad., 1. X, 11.

Il ressort de la manière dont les Romains vendangeaient leurs vignes, qu'ils ne récoltaient pas en même temps toutes les espèces de raisins, mais qu'ils les cueillaient au fur et à mesure de leur maturité, pour faire un vin également bon (1). Ils laissaient même parfois au-delà de ce temps les raisins aux ceps, pour en obtenir un vin qui était alors tout à fait supérieur. Cette méthode, qui est suivie aujourd'hui par beaucoup de propriétaires, mériterait d'être encore plus généralement adoptée, du moins dans les pays réputés pour la qualité de leur vin.

On récoltait les raisins dans des corbeilles, en ayant soin de jeter les pourris, et surtout de séparer ceux qui n'étaient pas complètement mûrs. La vendange se faisait par un temps sec et pas trop matin, c'est-à-dire après la rosée, afin que le raisin arrivât au pressoir sans une goutte d'eau qui puisse diminuer sa bonté. On ne pressurait en même temps que les raisins de la même espèce, ou que ceux qui donnaient un vin à peu près identique.

§ 15.

Le Pressurage (*Pressio*).

Le pressoir, chez les Romains, était organisé de la même manière qu'il l'est encore aujourd'hui dans nos campagnes. On l'appelait *torcular* ou *torculum* (2) quand une vis le serrait ou le desserrait, et *calcatorium* lorsque le raisin, préalablement foulé aux pieds, était pressé sous un grand arbre approprié à cet effet, qui, s'appuyant sur le pressoir par une de ses extrémités, pouvait, au moyen d'une vis fixée à l'autre extrémité, être monté et

---

(1) Quæ maturescere incipiunt, tempestive leguntur, et quæ nondum maturitatem ceperunt uvæ, sine dispendio differuntur. Colum., l. III, 21.

(2) *Torculum* ou *torcular* vient de *torquere*, tourner, serrer. De là les mots allemands *torkeln*, *heruntorkeln*. *Calcatorium* vient de *calcare*, écraser, fouler aux pieds. *Keller* (pressoir), dérive de ce même mot *calcare*.

descendu. Sur le bassin du pressoir on plaçait quatre planches percées çà et là de trous pour éviter que les raisins amoncelés n'en dépassassent les bords. Sur ces raisins on disposait des barres de bois plus ou moins larges, puis, transversalement à celles-ci, deux autres d'une dimension plus grande, et enfin sur ces barres des madriers ; après quoi on manœuvrait la vis au moyen d'une corde enroulée sur un mât mobile : ainsi s'opérait le pressurage.

Quand il ne coulait plus de vin, on s'arrêtait et on desserrait l'appareil ; on coupait le marc des quatre côtés, et cette partie était pressurée de nouveau (1). Les Romains ne coupaient le marc qu'une fois, et ils faisaient dans ce second pressurage un vin très médiocre qui sentait le fer, et qui conservait toujours le goût de la grappe. Ils appelaient *Lora*, *Laüer*, *Lür* (piquette), le mauvais vin qui n'était bu que par les domestiques (2). Nos vignerons en font quelquefois de semblable, mais pas de la même manière. Après le dernier pressurage ils coupent le marc tout entier, l'arrosent d'eau et le pressent légèrement une dernière fois. C'est ce tout dernier produit qu'ils appellent *Laüer*. Je croirais volontiers aussi que les Romains n'appelaient pas *lora* le vin provenant du second pressurage, mais celui qu'on obtenait après avoir coupé le marc ; car Varron dit expressément : Les peaux des raisins pressurés sont mises dans des tonneaux qu'on achève de remplir avec de l'eau : c'est ce qu'on appelle *lora* (3).

On donnait ce marc à manger au bétail, ou bien on le faisait sécher (4). On l'employait même comme engrais dans les vignes (5).

---

(1) Cum desiit sub prelo fluere, quidam (il semblerait ainsi que cet usage n'était pas général) circumcidunt extrema et rursus premunt, ac seorsum, quod expressum est, servant, quod resipit ferrum. Varro, 54.

(2) Familia loram bibat. Cato, 57.

(3) Expressi acinorum folliculi in dolia conjiciuntur, eoque aqua additur : ea vocatur lora, quod lota acina, ac pro vino operariis datur hieme. L. I, 54.

(4) Inde singulis bubus in dies modium vinaceorum, quos in dolium condideris, dari opertet. Cato, 54. Licet etiam, si sit leguminum inopia, et *eluta et siccata vinacia, quæ* de lora eximuntur, cum paleis (et bobus dare). Colum., 1 VI, 3. — Dolia, quo vinaceos condat. Cato, 54. Eos (vinaceos) conculcato in dolia picata vel in labrum vinarium picatum ; id bene operito, jubeto oblini, quod des bubus per hiemem. Idem, 25.

(5) Vinaceam stercori mixtam sparges. Pallad., l. III, 9.

Nos paysans en font aussi de l'eau-de-vie, ce qui ne fut pas connu des Romains. J'ai vu donner aussi ce marc aux vaches, mélangé à du fourrage.

Le vin lui-même était enfermé dans des tonneaux bien lavés à l'eau de mer ou à l'eau salée, et ensuite séchés. On le descendait alors dans les caves creusées sous les maisons, comme dans notre pays, et exposées au nord (1).

Les Romains avaient aussi l'habitude d'ajouter au vin nouveau du sel et diverses substances aromatiques (2). Ces *odores* ou *medicamina*, comme ils les appelaient, étaient : l'iris d'Illyrie, la trigonelle commune (*trigonella fœnum græcum*), le *andropogon schœnanthus*, le costus d'Arabie (*costus arabicus*), le souchet, les branches de palmier, la myrrhe, le cassia, l'amomum, le safran, etc.

§ 16.

De la Conservation des Raisins.

Les Romains conservaient aussi les raisins de diverses manières. Ceux qu'on voulait garder devaient être beaux, sains, et avoir été coupés étant parfaitement secs. On les étendait sur de la paille (3), en évitant qu'ils se touchassent, ou bien on les suspendait au moyen d'un fil (4), ou bien ils les plaçaient tout simplement

---

(1) *Dolia partim picata partim defricata et diligenter lota marina vel aqua salsa, et recte siccata.* Colum., l. XI, 2. (Les tonneaux en bois furent inventés par les Gaulois). Pline, *Histoire naturelle*, XIV, 21. Vitruv., *Architect.*, VI, 9.

(2) *Tum etiam salem atque odoramenta, quibus vina condire consueverint, multo ante (vindemiam) reposita esse oportet.* Colum., l. XI, 20.

(3) Les Romains faisaient avec les raisins ainsi conservés, un vin doux qu'ils appelaient *vinum passum* (c'est notre vin de paille). Ils avaient encore importé des Gaules ce procédé de fabrication.

(4) *Uvæ pensiles, Pensilia.* On laissait les raisins aux branches, qu'on liait et qu'on suspendait. On faisait de même pour les pommes, les poires et surtout pour les sorbes (sorba). Dans les villages de la basse Alsace, toutes les poutres des maisons en sont couvertes, et ils se conservent peut-être aussi bien que dans les fruitiers (oporothèques) des Romains. Varro, l. I, 68.

dans une cave fraîche. Quand ils voulaient les conserver à l'état sec, ils les plongeaient, à diverses reprises, dans de l'eau bouillante, dans laquelle on avait versé un peu d'huile pour leur donner du brillant; ils les faisaient ensuite sécher sur des claies exposées au soleil, en ayant soin qu'ils ne fussent pas humectés par la pluie ou par la rosée. Désiraient-ils, au contraire, les garder à l'état frais, ils trempaient leurs pédoncules dans de la poix liquide, et les disposaient ensuite par couches dans du son, de façon à ce que les couches de son alternassent avec celles de raisins. Le vase qui les contenait était ensuite exactement fermé. D'autres fois, ils enfermaient séparément les raisins dans des feuilles de figuier ou d'autres arbres, les faisaient sécher, puis les enfermaient dans des vases. Il y avait encore un autre procédé pour sécher les raisins et les rendre plus sucrés; il consistait à couper à moitié les pédoncules des raisins et à les laisser encore de huit à quatorze jours à leurs tiges. C'est encore ainsi qu'en général on prépare, dans le midi de la France, en Espagne, à Corinthe, les raisins qui sont connus dans le commerce sous le nom de raisins secs, raisins de mer, raisins de Damas. On faisait de même pour d'autres espèces de fruits, dont on tordait ou incisait à moitié le pédoncule, et qu'on laissait mûrir ainsi (1).

II

CULTURE DES ARBRES FRUITIERS

Les Romains avaient déjà constaté, et nous pouvons encore vérifier la justesse de l'axiome suivant basé sur l'expérience et formulé par Théophraste bien des siècles avant notre ère : c'est

---

(1) Cum jam matura mala fuerint, petiolos, quibus pendent, intorqueto, quo modo servabuntur toto anno. Colum., 1. *de Arbor.*, 23.

que toutes les plantes que nous propageons au moyen de graines, s'abâtardissent et finissent même par dégénérer complétement. Cela est vrai pour la vigne aussi bien que pour les fruits à pépins et à noyau.

Ce n'est que très rarement qu'on obtient par le semis un arbre parfait (1), et il n'est jamais tout à fait semblable à celui d'où proviennent les graines ; c'est plus ou moins un sauvageon qu'il faut améliorer.

Les arbres du sud transplantés dans le nord n'y donnent que peu ou même pas de fruits, et encore dans le premier cas n'arrivent-ils pas à maturité. Transporte-t-on, au contraire, dans un pays chaud notre sorbier ordinaire (*sorbus domestica*), qui aime un sol froid, il devient stérile. La nature a donné à chaque partie du globe des végétaux particuliers, et ce n'est que là qu'ils prospèrent et donnent de bons produits. Mais l'homme veut jouir dans sa patrie de ce qu'il a vu de beau et de bon sous d'autres climats et ne néglige rien pour arriver à ce but. Comme de temps en temps son travail et ses soins sont récompensés, il redouble d'efforts et essaie de tous les moyens pour asservir de plus en plus la nature. Aussi voyons-nous prospérer maintenant autour de nous des arbres et d'autres végétaux, dont la réussite, en raison des obstacles de tout genre, semblait devoir être impossible.

Quant à ce qui regarde les arbres fruitiers, si nous continuons à semer les graines des espèces étrangères déjà acclimatées, ou à les multiplier par la greffe, en prenant indéfiniment les rejetons sur les sujets les plus nouvellement obtenus, nous arrivons sûrement ainsi à avoir des fruits, sinon d'une qualité aussi parfaite que ceux propres à notre pays, du moins très bons, puisque les arbres qui les produisent sont faits à notre climat et ont profité de plus en plus des avantages que possèdent les espèces indigènes.

En suivant cette voie, nos pomologistes ont déjà obtenu des

---

(1) Quelques rares exceptions n'infirment pas cette règle. On lit dans Palladius (l. II, 15) :

Ego expertus sum multas arbores ex pomis sponte progenitas, et in crescendo et in ferendo exstitisse felices.

résultats surprenants qui augmentent chaque année, puisque le nombre des bonnes espèces de pommes et de poires approche déjà de mille, et de cent pour les espèces fines ou de jardin.

Maintenant nous renouvelons le vœu qui a été exprimé par le *Journal d'horticulture*, de Fribourg, c'est que les personnes qui s'occupent de cette culture spéciale, les pépiniéristes, etc., étudient surtout quelles sont les espèces qui conviennent le mieux à un pays donné, et les conditions dans lesquelles on doit les planter. On n'entendrait plus alors ces plaintes, résultat d'espérances trompées et d'années perdues; nous verrions au contraire une abondance qui augmenterait d'une façon notable notre prospérité économique, car il n'y a pas de pays plus riches que ceux dans lesquels cette culture est répandue. Pour nous en convaincre, jetons les yeux sur notre Palatinat couvert d'arbres, sur les environs d'Oberkirch (1), sur la florissante Alsace; regardons l'Italie qui déjà dans l'antiquité ressemblait à un immense verger (2), et examinons maintenant ce que les anciens Romains ont fait pour la culture des arbres fruitiers, ainsi que les procédés dont ils se sont servis.

§ 1.

La Pépinière (*Seminarium*).

Voici ce que nous trouvons relativement à ce sujet dans les anciens auteurs romains.

Quand on veut obtenir de jeunes arbres au moyen de graines, il faut les semer au printemps, époque où la terre est plus riche qu'à tout autre moment en forces qui raniment et favorisent sa puissance créatrice. Le printemps est la saison la plus favorable à la végétation, c'est l'époque où les jours sont les plus longs et les plus tempérés. L'embryon, favorisé par l'humidité que l'hiver a

---

(1) Le cardinal de Rohan, qui aimait à y séjourner, fit venir de France une grande quantité d'arbres fruitiers qu'il distribua généreusement.

(2) Non arboribus consita Italia est, ut tota pomarium videatur? (L. I, 2.)

laissée dans le sol, se développe plus vite et plus facilement, et les radicules s'enfoncent sans obstacle dans la terre. Bientôt le soleil, devenant plus chaud, pénètre la terre et aide au développement des racines.

Le sol le plus convenable pour l'établissement d'une pépinière est un terrain d'une qualité médiocre (1), comme pour la vigne, afin que les arbres, s'ils sont transportés dans une terre meilleure, croissent avec plus de vigueur, ou bien n'aient pas trop à souffrir si le contraire arrive.

Aussitôt qu'au printemps l'emplacement destiné à la pépinière sera fumé et bien préparé, on semera très épais les graines dans de petites fosses ou dans des sillons, et on les recouvrira de terre finement tamisée, de l'épaisseur d'un doigt environ, et on nivellera le sol avec les pieds (2). Il faut veiller surtout à ce que les souris ou autres animaux ne mangent ou n'endommagent les graines, et arracher les mauvaises herbes.

Les Romains, pour protéger leurs semis contre le soleil, construisaient des abris en branches ou en feuilles, parfois si élevés, qu'en dessous on pouvait circuler et travailler commodément. Quand les jeunes sujets étaient assez grands, on les transplantait dans des carrés particuliers, en les disposant en raies suffisamment distantes les unes des autres, puis on les greffait quand ils avaient atteint un développement convenable. Comme il est très long d'obtenir des arbres au moyen de semis, ils se servaient plus volontiers de sauvageons qu'ils greffaient quand ils étaient plantés dans la place qui leur était destinée (3).

Ils employaient aussi les boutures ; mais, pour réussir, il fallait choisir celles qui avaient une moelle épaisse et abondante. Ils prenaient ces boutures sur les branches à fruits placées sur les parties de l'arbre regardant le levant ou le midi, et les plantaient,

---

(1) Seminarium mediocri terra instituere debemus, ut in meliorem, quæ sata fuerint, transferantur. Pall., l. I, 6.

(2) Cato, R. R., 48.

(3) Melius fiet, ut pirorum plantas radicatas seramus agrestium, ut, cum prehenderint, inserantur. Col., l. de Arb., 25.

pour leur faire prendre racine, dans un terrain humide et généreux. Cette méthode, qui demande aussi beaucoup de temps, n'était pas non plus très employée, parce qu'on croyait que les arbres ainsi obtenus n'avaient pas une aussi longue durée et ne donnaient pas des fruits aussi délicats, à moins d'être greffés (1).

Il en était de même, en géneral, des drageons, excepté pour les pruniers. Pour les coignassiers et les figuiers, ce moyen réussissait bien. On couvrait de terre ces drageons, afin qu'ils pussent pousser des racines et ensuite être transplantés.

Les Romains connaissaient aussi ce procédé qui consiste à emprisonner une branche dans un vase de terre ou de bois percé d'un trou, et de la séparer ensuite de la tige-mère en la coupant pour la transplanter après le développement des racines. Ils l'appliquaient à la vigne aussi bien qu'aux arbres fruitiers (2).

J'ai vu souvent briser au moyen d'une pierre ou d'un marteau l'extrémité des boutures avant de les mettre en terre. D'autres fois, on fend cette extrémité en ayant soin de séparer au moyen d'une graine ou d'une pierre les parties divisées. On introduit la bouture ainsi préparée dans une pomme de terre ou dans une pomme pourrie et on plante le tout.

La bouture étant dans un milieu humide se développe alors plus rapidement. Les Romains, bien avant nous, employaient cet artifice, seulement ils se servaient pour cela des oignons de la scille maritime (*Scilla, Squilla*).

Ils ne supportaient pas les taupes dans les pépinières et les asphyxiaient au moyen de vapeurs sulfureuses qu'ils faisaient pénétrer dans leurs galeries au moyen d'un soufflet. Quant aux souris, ils s'en débarrassaient comme on le fait encore aujourd'hui dans nos campagnes (3).

---

(1) Quæ suis plantis seruntur, dulcedinem ac teneritatem servant, diu tamen servata non durant : insita vero moram temporis sustinebunt. Col., ib.

(2) Varro, 93. Pallad., l. III, 10, et l. X, 14. Cato, 103.

(3) Pallad., l. I, 35.

§ 2.

De la Transplantation.

Pour cette opération, la règle était toujours celle-ci : donner aux jeunes arbres un sol d'une qualité égale ou supérieure à celui qu'ils occupaient, car il en est d'eux comme des animaux, qui dépérissent quand ils abandonnent un gras pâturage pour en trouver un médiocre.

On choisissait pour la transplantation une belle journée sans pluie ni vent (1). On cherchait à lever les arbres avec leur motte, ou tout au moins à laisser adhérente aux racines le plus de terre possible si le sol était friable, et on les transportait dans des corbeilles, pour ne pas les endommager, à la place qui leur était destinée (2). On rognait un peu les racines des sujets les plus vigoureux, on coupait celles qui avaient été déchirées, et enfin on enduisait d'argile les blessures que les arbres auraient pu recevoir. La couronne aussi était taillée, car il faut que les racines prennent de la force pour que les parties supérieures puissent se développer vigoureusement. Les jeunes arbres étaient attachés à un piquet, et pendant la première année on les protégeait contre le froid et les gelées (3). On labourait souvent le sol et on le débarrassait en tout temps des mauvaises herbes. Les tuteurs étaient plantés du côté du nord pour protéger les jeunes pousses contre les vents froids. On les attachait avec des tiges de saule ou des feuilles de jonc, et les liens étaient visités de temps en temps pour qu'ils pussent être ou relâchés ou changés de place s'ils menaçaient d'endommager l'écorce, et par là de produire des chancres. Cependant, aussitôt que les arbres étaient assez forts, on les habituait à se soutenir eux-mêmes en les privant de ces appuis. Tous les autres soins qui consistent à labourer la terre au

---

(1) Placet eligere sationi silentis vel certe placidi spiritus diem. Col., l. III, 19.
(2) Cato, R. R., 48.
(3) Colum., l. de Arb., 25.

pied des arbres, afin que l'air et le soleil puissent la pénétrer, à enlever la mousse, les lichens et le bois mort, ainsi que la fumure du sol, contribuent pour une large part à faire fructifier les arbres. La sécheresse arrivait-elle, on les arrosait (1).

Les Romains avaient soin aussi de marquer à la craie ou de toute autre façon un côté des arbres à transplanter, afin de leur conserver la même exposition. Cette coutume est encore suivie, quoique beaucoup de jardiniers d'aujourd'hui attachent peu d'importance à cette pratique et pensent qu'un bon sol et des soins bien entendus constituent la condition essentielle du succès.

§ 3.

Le Jardin fruitier (*Pomarium*).

Avant l'arrivée des Romains dans notre pays, nos ancêtres ne connaissaient ni la culture des légumes, ni celle des arbres fruitiers. Mais dès qu'ils eurent appris avec le temps à apprécier les jouissances délicates de la vie, ils commencèrent à planter aussi des jardins fruitiers et potagers, et, à l'exemple de leurs maîtres, ils les plaçaient près de leurs demeures, et là où il y avait de l'eau (2).

Le champ que les Romains voulaient convertir en jardin était entouré, pour le protéger contre l'homme et les animaux, d'une haie vive d'aubépine (*sepis viva*), ou d'une haie morte (*sepis structilis*), faite de pieux et de planches unis à leur partie supérieure par de forts liens de saule, soit enfin par un mur à sec (3). Les jardins potagers étaient placés devant la maison et aboutissaient comme aujourd'hui sur la rue du village ; les vergers, au contraire, étaient derrière les communs et la grange [*Nubilarium*] (4), et celle-ci y donnait accès.

---

(1) Frequenti humore et assiduis fossionibus genus hoc colendum. Ib.

(2) Horti et Pomaria domui proxima esse debebunt. Pall., l. I, 34, et l. I, 6.

(3) Sine luto congesta in ordinem saxa. Pall., l. I, 34. C'étaient donc des murs sans mortier, comme nous en voyons beaucoup sur nos collines couvertes de vignes.

(4) Les Romains ne battaient leurs récoltes à la maison que lors des mauvais

Il en est de même presque partout dans nos villages du haut Rhin dont la disposition est encore toute romaine (1). Mais nous n'avons à nous occuper que des jardins fruitiers.

Dans l'année qui précédait la plantation, le sol était bêché profondément et cultivé encore une fois; mais dans l'arrière-saison on creusait les fosses qui devaient être larges et profondes, plus larges cependant à la partie inférieure, afin que les racines pussent se développer plus facilement et souffrissent moins du froid (2). La première couche de terre, qui est la plus fertile, était mise de côté pour être jetée sur les racines lors de la plantation. Les arbres étaient disposés en lignes droites, par espèces et en quinconce, ordinairement à 30 ou 40 pieds les uns des autres, afin que chacun pût croître en tous sens sans aucun obstacle, et ne fût pas privé d'air et de soleil par les plus vigoureux. De cette façon ils étaient tous forts et productifs, présentant tous une jolie couronne, ce qui ne peut pas être quand ils sont trop serrés et plantés sans ordre. Nos paysans du haut Rhin ont beaucoup conservé des traditions romaines pour la disposition des villages et la culture des champs.

Pourquoi donc, au point de vue de l'arboriculture seulement, sont-ils si en arrière de leurs maîtres? Au lieu de ces magnifiques et riches vergers qui entouraient les villages, on ne voit plus guère maintenant qu'une sorte de forêt d'arbres fruitiers plantés au hasard et sans choix (3), se gênant mutuellement dans leur développement, sans branches régulières et sans couronne, et ne

---

temps (*nubila*); autrement, ils disposaient pour cela une aire au milieu des champs. Maintenant encore on fait souvent de même pour le colza.

(1) L'ensemble de tous ces jardins qui tenaient les uns aux autres en faisant le tour du village, s'appelait *Pomerium*. Ils étaient également bordés d'une haie et aboutissaient sur la voie commune. Ils servaient ainsi à la fois d'ornement et de première défense au village. Les chemins qui gagnaient la campagne étaient fermés par des barrières (*Serræ*) faciles à ouvrir et à fermer, pour retenir le bétail, comme il y en a encore aux environs des fermes. Il y avait aussi un abreuvoir (*Vadum*) pour le bétail.

(2) Scrobs clibano similis esse debet, imus, quam summus, patentior. Col., l. de Arb., 19.

(3) Horti silvescunt.

donnant par conséquent que de mauvais fruits et en petite quantité.

Dans les terrains légers ou pendant une sécheresse persistante, on arrosait fréquemment les vieux arbres et ceux nouvellement plantés, surtout pendant la floraison et au moment où les fruits se nouaient (1). Les Grecs, comme nous le voyons dans Théophraste, arrosaient aussi leurs arbres avec de l'eau froide dans les mêmes circonstances. L'eau froide hâte la maturité des fruits en retenant tout à la fois la chaleur et en rafraîchissant les racines, conditions excellentes pour les arbres. L'eau chaude, au contraire, les débilite, comme elle amollit l'homme et les animaux. L'eau froide ne peut jamais leur nuire, car elle se mêle à la terre avant d'être absorbée par les racines.

D'après Varron, on arrosait aussi les arbres avec de la lie d'huile mélangée à une égale quantité d'eau (2). Cet écrivain se plaignait déjà de ce que de son temps on ne recueillit pas ce produit, comme nous déplorons aujourd'hui que les cultivateurs laissent s'écouler sans profit dans la cour de leurs fermes, le purin, qui, conduit dans les champs et les prés, serait un engrais sans pareil.

Avant l'arrivée du froid, la première année du moins, on couvrait les pieds des arbres avec des feuilles ou de la paille, afin de protéger les racines encore délicates, qui continuaient à se développer pendant l'automne et même pendant l'hiver sous l'influence de la chaleur conservée sous cet abri. En effet, un arbre ne croît vigoureusement que quand il a produit des racines saines et nombreuses, puisque ce sont elles qui, après avoir puisé dans la terre les sucs nourriciers, les introduisent dans le végétal (3).

Pour faciliter l'arrivée de l'eau de pluie jusqu'aux racines, on mettait dans la fosse, lors de la plantation, soit de petites branches, soit des pierres, afin que l'eau, qui s'y était introduite aisé-

---

(1) Ubi regio siccior est, aquationibus adjuventur. Col., l. de Arb., 19.

(2) Amurcam spargas vel irriges ad arbores, circa capita majora amphoras, ad minora urnas cum aquæ dimidio addito. R. R., 36. L'amphore = 14 mesures, l'urne = 7 mesures. Voir Pall., l. III, 8, et l. IV, 8.

(3) Varro, l. I, 45.

ment, pût aussi s'écouler sans difficulté. Si pendant l'été on avait creusé de petites rigoles pour conduire l'eau de pluie au pied des arbres, il fallait les détruire avant l'hiver, afin qu'il ne pût se former de glace, ni dans la fosse, ni autour des racines si délicates. Il est très utile, même pour les vieux arbres, de protéger ainsi la partie du sol qui recouvre leurs racines, surtout si le terrain est gazonné. On atteint parfaitement ce but avec des chenevottes (1), qui ne laissent pas croître le gazon et entretiennent l'humidité indispensable aux arbres.

Les Romains prenaient les plus grands soins pour rendre cette culture aussi profitable que possible. Quand le terrain était maigre, ils fumaient les arbres, et pour cela ils creusaient tout autour d'eux et rejetaient sur les racines de la terre mélangée à du fumier de vache, qu'ils maintenaient au moyen de branches entrelacées, en fixant le tout par des pieux solidement plantés (2).

Pour un gros arbre ils employaient une voiture entière de fumier, et une demie pour un petit (3). Ils les arrosaient aussi avec de la vieille urine pour obtenir des fruits délicats et abondants (4). Parfois aussi ils mélangeaient du marc d'olive à cette urine (5), mais sans y ajouter de sel (6). Ils fumaient aussi les arbres avec des cendres, et ceux qui étaient malades avec de la lie de vin.

Les Romains croyaient qu'un sol maigre et sec donne des fruits verreux et sujets à tomber; c'est ce que notre expérience a encore confirmé (7).

---

(1) *Aculei.* On appelle ainsi les parties ligneuses du chanvre dépouillé de ses fibres corticales.

(2) In lætandis arboribus crates faciemus, terram prius trunco admoventes, et mox lætamen, ut sic opus natura beneficii alternante cumuletur. Pall., l. I, 6, et l. III, 20.

(3) Sufficiet autem majori una vehes, minori media.

(4) Nunc (februario) pomis et vitibus vetus urina si affundatur, et numero fructuum præstat et formæ. Pall., l. III, 8.

(5) Cui proderit, ut amurcam misceamus insulsam. Ib.

(6) Ce qui prouve que les Romains employaient aussi le sel comme engrais.

(7) Macrum et aridum solum poma vermiculosa efficit et caduca. Pall., l. III, 25. Voir Cato, 29, 36 et 93.

§ 4.

De la Greffe des Arbres fruitiers.

Un arbre greffé, dit Columelle, est plus productif que celui qui ne l'est pas.

Les Romains connaissaient cinq procédés de greffe qui étaient : l'incision, l'inoculation, l'emplastration, la copulation et la térébration.

a. L'Incision *(Insitio).*

Pour cette opération, on choisissait déjà dans l'antiquité un jour calme et clair, au moment où les arbres commençaient à pousser et où la lune entrait dans sa période d'accroissement (*luna crescente*). Les scions devaient être de l'année, être fertiles, avoir plusieurs yeux et de deux à trois cornes. On les prenait sur les parties de l'arbre exposées au levant ou au midi, et leur grosseur ne devait pas dépasser celle du petit doigt (1). Comme cela se fait encore aujourd'hui, on introduisait cette greffe dans le bois (*in ligno, in trunco*), ou sous l'écorce (*sub cortice*), et on appliquait un ou plusieurs scions suivant la grosseur du sujet ou de la branche à greffer. La tige ou la branche étaient sciées dans une partie où l'écorce est lisse, et cela sans l'endommager. On égalisait la plaie avec un couteau très tranchant, et, après avoir enlevé les petits éclats qui se trouvaient dans l'écorce, on faisait une fente et on y introduisait les scions avec précaution (2). La greffe était recouverte d'un emplâtre de terre glaise ou composé d'un mélange de craie et de fiente de bêtes à cornes (3), puis atta-

---

(1) Surculi novelli, fertiles, nodosi, de novo nati, ab orientali arboris parte decisi, crassitudine digiti minoris, bifurci vel triforci, gemmis pluribus uberati. Pall., l. III, 47. Ex qua arbore inserere voles et surculos ad insitionem sumpturus es, videto, ut sit tenera et ferax, nodisque crebris, et cum primum germina tumebunt, de ramis anniculis, qui solis ortum spectabunt et integri erant, eos legito crassitudine digiti minimi; surculi sint bifurci vel triforci. Col., l. V, 11.

(2) Resecta et fissa arbor resectos surculos accipit.

(3) Argillam vel cretam coaddito, arenæ paululum et fimum bubulum. Cato, 40.

chée à une baguette pour la protéger contre le vent et l'empêcher
d'être brisée par les oiseaux qui auraient pu s'y percher. Les
jeunes arbres en pépinière étaient coupés tout près du sol et greffés sous l'écorce, c'est-à-dire que la greffe était placée entre le
bois et l'écorce (1), de façon à ce que la petite tige s'emboîtant
exactement dans la fente qui lui est destinée, le bois fût autant
que possible contre le bois, et l'écorce contre l'écorce (2). On re-
couvrait de buglose (*anchusa*) l'appareil appliqué sur la greffe,
afin d'empêcher l'introduction de l'eau qui amène souvent la
pourriture (3). Pour les petits sujets, qui étaient rognés à ras de
terre, on ramenait la terre jusqu'à la greffe qui se trouvait ainsi
protégée à tous égards (4).

b. L'Inoculation (*Inoculatio*).

Nous voyons dans les anciens auteurs romains qui ont écrit
sur l'agriculture, que le procédé de greffe au moyen d'yeux n'était
pas seulement connu et pratiqué de leur temps, mais qu'on employait pour le désigner le mot inoculer [*inoculare*] (5). On ne
comprend cependant pas bien clairement, d'après leurs descrip-
tions, quelle différence ils faisaient entre l'inoculation et l'emplastration. Columelle, par exemple, dit qu'on prenait des yeux avec
un peu d'écorce (*cum exiguo cortice*), qu'on les *insérait*, mais
sans expliquer si c'était comme nous le faisons aujourd'hui, dans
une fente ou une incision pratiquée dans l'écorce. Il semblerait
plutôt que les anciens ont donné souvent le nom d'emplastration

---

(1) Inter librum et materiam, inter librum et stirpem, corticem, lignum.

(2) Ut cortex surculi undique cortici arboris reddatur æqualis. Pall., l. III, 17. —
Librum ad librum vorsum facito, artito usque adeo quo præacueris. Cato, 40.

(3) Luto depsto stirpem oblinito, digitos crassos tres. Insuper lingua bubula oble-
gito, si pluat, ne aqua in librum permaneat; eam linguam super librum alligato, ne
cadat. Cato, l. C.

(4) Deinde terram circa arborem adaggerato usque ad ipsum insitum. Ea res a
vento atque calore maxime tuebitur. Col., l. V, 11. — Sed in novella arbore mota
terra usque ad ipsum insitum colligatur; quæ eam res a vento et calore defendet.
Pall., l. III, 17.

(5) Nam circa Kal. majas persicus *inoculari* potest. — Et eam (ficum) locis siccis
inoculare. Pall., l. V, 5. — Quam vocant *inoculationem*. Col., l. V, 11.

à l'inoculation, ce qui prouverait bien que c'était la même opération.

c. L'Emplastration (*Emplastratio*).

Quand on voulait greffer un arbre par cette méthode, on enlevait, en lui donnant une forme ronde ou allongée, un morceau d'écorce assez large, ayant à son centre un œil vigoureux. On privait l'arbre à greffer, dans une partie convenable, d'un lambeau d'écorce de même dimension et on le remplaçait par le premier, absolument comme on applique un emplâtre (*Emplastrum*).

Pour réussir plus facilement, on appliquait sur l'écorce du sujet à greffer le fragment qu'on venait de détacher, et en suivant les contours on en enlevait un lambeau exactement semblable.

Quand cette espèce d'emplâtre était placé, on le fixait en le serrant fortement au moyen de liens et on le couvrait de la même façon que les greffes en fente. Ce mode de greffe, on le comprend, ne peut être employé qu'au moment où la séve est en pleine activité ; sans cela on n'a aucune chance de réussite.

Les branches placées au-dessus de la greffe étaient coupées, afin que l'œil pût se développer plus facilement (1).

d. La Copulation (*Copulatio*).

L'expression *copulare* se rencontre déjà dans les auteurs romains (2), mais exprimant une autre signification que celle dont il s'agit ici ; ainsi *vitem copulare* ou *maritare* désignait l'opération qui consistait à faire grimper la vigne sur l'arbre qui devait lui servir de soutien. Les arbres ou les vignes que l'on voulait greffer par la copulation devaient être placés l'un près de l'autre. On choisissait sur chacun d'eux un rameau vigoureux et on les coupait obliquement (en pied de biche), de façon à ce que les

---

(1) Calendis maiis possunt, si jam librum remittunt, inseri oleæ vel *emplastrari*, cæteræque pomiferæ arbores *emplastrationis* genere inseri. Col., XI, 2.

(2) In eodem fundo suum quidquid conseri oportet, arbustoque vitem *copulari*. Cato, 7.

tronçons s'appliquassent exactement l'un contre l'autre, puis on les liait fortement. On pouvait aussi couper une branche et la mettre en contact avec celle qu'on voulait greffer, moelle contre moelle, écorce contre écorce (1).

Par la copulation les anciens prétendaient avoir obtenu toutes sortes de résultats prodigieux, par exemple des saules portant des figues, et des chênes donnant des raisins. C'est parmi ces contes qu'il faut ranger ceux qui parlent de roses noires poussant sur la sabine (*Juniperus sabina*) et de ces raisins croissant sur des noyers et qui donnaient de l'huile au lieu de vin. Dans ce temps, la règle *similis simili* était déjà vraie et elle le sera toujours.

Les Grecs et les Romains connaissaient aussi cet artifice qui permet d'avoir des pommes, des poires, des cerises et des prunes sans noyaux (2) et sans pépins, et qui consiste à fendre au printemps les jeunes arbres de la tige aux racines, à enlever la moelle et à rapprocher les deux moitiés, qui, liées fortement, continuent à croître. Ce moyen, vieux de plus de quinze siècles, a été réchauffé ces dernières années et donné comme une découverte toute moderne, mais il ne produira maintenant, comme dans l'antiquité, que des résultats médiocres. Nous avons maintenant bien des arbres qui n'ont ni moelle ni cœur, et dont l'impéritie de nos arboriculteurs ou plutôt de nos destructeurs d'arbres augmente chaque jour le nombre, mais leurs fruits ont tous des noyaux ou des pierres (*ossa*).

J'ai observé souvent le phénomène suivant : c'est le même pied de vigne portant des raisins blancs et noirs, et une même grappe ayant à la fois des grains de trois couleurs, blancs, noirs et bruns ; tout cela n'est pas un prodige, mais un jeu de la nature qui n'est pas rare chez certaines espèces, surtout dans les années où l'on récolte du bon vin. Les raisins noirs ont une tendance à passer à la couleur blanche quand ils sont dans un ter-

---

(1) Si vitis vitem continget, utriusque vitem teneram præacuito, obliquo inter sese medullam cum medulla libro colligato. Cato, 41.

(2) Voir Pallad., l. III, 29. Il ajoute : Opus est experiri. L. XI, 12.

4

rain ou trop gras ou trop maigre, ou bien qui ne leur convient
pas.

Je n'ai vu mentionné nulle part dans les auteurs anciens le fait
de raisins portant des poils (1).

e. La Térébration (*Terebratio*).

Cette manière de greffer la vigne ou les arbres ayant été déjà
traitée dans la première partie de cette notice, § 9, nous y ren-
voyons le lecteur.

§ 5.

Des Soins à donner aux Arbres.

Partout et dans tous les temps on a donné des soins particuliers aux arbres fruitiers. Il devait donc en être ainsi chez les
Romains. La taille surtout était une opération capitale; c'était
par ce moyen qu'ils modéraient le trop grand développement des
arbres en hauteur ou en bois. Pour obtenir le même résultat, ils
introduisaient parfois un coin dans une racine fendue à cet effet,
et par où s'écoulait la séve en surabondance. On cherchait ainsi
à faire que l'arbre poussât du bois à fruit, condition essentielle
pour qu'il fût productif. Ils ne laissaient pas les arbres croître
trop haut, parce que chaque espèce ne donne qu'à une certaine
élévation des fruits savoureux. Les branches gourmandes étaient
coupées dès qu'elles se montraient sur des arbres jeunes ou vieux;
la force végétative était ainsi rappelée et même augmentée. Il ne
faut cependant pas en couper trop à la fois sur les jeunes arbres,
car la séve ascendante, qui se trouve retenue, s'épaissit et redes-
cend vers les racines, et on s'exposerait à voir les arbres ne plus
développer de branches. Il vaut donc mieux en couper moins que
trop.

La taille peut être pratiquée soit au printemps, avant la re-

---

(1) Voir Verhandl. des grossp. Bad. Landw. Vereins, V. Jahr., 1821.

prise de la végétation, soit à l'arrière-saison, avant les froids (1), mais jamais ni en été ni en hiver. Pour les gros pommiers ou poiriers, il faut le moins possible employer le couteau ou la scie, car on s'expose ainsi à blesser les arbres. Si cela arrive, il faut panser immédiatement la plaie, afin d'éviter que le soleil ou le vent la dessèchent, ou bien que l'eau y amène la pourriture (2). Quant aux arbres dont les fruits poussent à l'extrémité des branches, comme les coignassiers, il faut bien se garder de les tailler, car on se priverait de récolte. La mousse, l'écorce crevassée et surtout le bois mort doivent être enlevés avec soin (3).

En bêchant (*Ablaqueatio*) autour des arbres, on éloigne d'eux les animaux nuisibles, on détruit les nids d'insectes en même temps qu'on rend le sol plus léger et plus fertile. La chaleur et l'air, y arrivant plus facilement, dissolvent les principes nourriciers qui pénètrent dans les racines et procurent aux arbres un bien extraordinaire. Plus le terrain est sec, plus ce travail est nécessaire, car c'est la couche inférieure du sol qui nourrit l'arbre, la supérieure ne faisant que le protéger (4). Il est également utile de piocher autour des arbres plantés dans des endroits humides, car l'air dont on aide la circulation les dessèche et les assainit.

Les racines doivent être aussi surveillées. Celles qui sortent de la terre ou qui n'en sont que peu couvertes seront coupées pour que les autres s'y enfoncent plus profondément et y trouvent une nourriture plus abondante, car les racines supérieures, loin de nourrir l'arbre, lui enlèvent au contraire une partie des matériaux fournis par les autres. Aussi, les arbres qui se trouvent dans ce cas souffrent-ils beaucoup de la chaleur en été et du froid en hiver. Les Romains recommandaient aussi d'étayer les branches quand elles étaient surchargées de fruits, pour les empêcher de rompre sous ce poids.

---

(1) Ab Idibus decembris ad Idus januarias tangi arborem non convenit. Col., l. de Arb., 10.

(2) Cicatrici medentur luto fimoque. Plin., XVII, 24.

(3) Et ariditas universa reciditur. Pallad., l. III, 25.

(4) Terra inferior nutrit arborem, superior custodit. Colum., de Arbor., 3.

Ils connaissaient aussi ce soi-disant nouveau moyen d'éloigner les fourmis qui consiste dans l'emploi de la craie. Ils répandaient dans les jardins un mélange de cette substance et de cendres. On nous conseille aujourd'hui d'appliquer de la craie sur les troncs des arbres pour nous débarrasser de ces hôtes incommodes (1).

Quand les arbres s'élevaient trop ou perdaient leurs fruits, ils mettaient à découvert une grosse racine qu'ils fendaient et dans laquelle ils introduisaient un coin, ou bien ils la perforaient pour débarrasser par là l'arbre de son excès de sève (2).

Si, au contraire, la chute des fruits dépendait de la chaleur et de la sécheresse qui en est la suite, ils faisaient de fréquents arrosages à l'eau froide pour rafraîchir les racines.

§ 6.

Des diverses Espèces de Fruits.

Nous allons faire pour les fruits comme pour les raisins, c'est-à-dire citer les principales espèces que connaissaient les Romains.

a. Pommes.

La pomme orbiculée, peut-être notre pomme à côte (*M. orbiculatum*), qu'ils avaient rapportée de l'Épire, la pomme à duvet cotonneux (*M. cotoneum*), la pomme de moût ou pomme de miel (*M. musteum*), la pomme à moineaux (*M. struthium*), la pomme sans pépins (*M. spadonium*), la pomme appienne, qui ressemble à nos pommes de roses, la pomme à chair de champignon (*M. pulmoneum*), qui est notre rambour, le *M. panuceum* (espèce de reinette), la pomme poire (*M. melapium*) (3), la petite pomme (*M. petisium*) et la pomme coing (*M. cydonium* ou pomme de Cydon).

---

(1) Contra formicas omne horti spatium cinere aut cretæ candore signemus. Pall., l. I, 35.

(2) Si poma caduca sunt, nudatæ radici vel trunco lentisci aut terebinthi cuneus nfigitur. Pall., l. XII, 7.

(3) De μῆλον, pomme, et ἄπιον, poire.

b. Poires.

Les principales espèces de poires dont nous trouvons les noms chez les anciens sont les suivantes : la poire hâtive ou la superbe (*P. præcox* ou *superbum*), la poire de moût ou sucrée douce (*P. musteum*), la poire blanche ou poire d'orge (*P. hordeum*), ainsi nommée parce qu'elle mûrissait en même temps que l'orge que l'on récolte en Italie vers la fin de juin ou au commencement de juillet, la poire rouge (*P. purpureum*), c'est peut-être notre rousselet, la poire butyracée ou beurrée (*P. crustumium*), la poire de Falerne ou poire d'orange (*P. falernum*), la poire de bergamotte (de *Pergamus*), la poire aromatique (*P. myrapium*), le *P. mulsum*, la poire à cuire ou poire à vin (*P. volemum*) de *vola* paume de la main, à cause de sa dimension ; c'est notre poire de livre. Pline donne aussi à une poire le nom de *librale*, la poire de roi (*P. regium*), la poire des semailles ou poire d'automne (*P. sementivum*), la poire courge (*P. cucurbitinum*), la poire de Tarente (*P. tarentinum*), la grosse poire (*P. decumanum*), la poire rouge de brique (*P. lateritium*), la poire de Vénus (*P. venerium*) et la poire d'hiver (*P. hibernum*).

c. Les autres espèces de fruits.

Les espèces de fruits les plus anciennes sont : les cerises (*Cerasa*), les prunes (*Pruna*), les pêches (*Persica*), les abricots (*Armeniaca*), les amandes (*Amygdala*), les coings (*Cydonia*), les nèfles (*Mespila*), les mûres (*Mora*), les figues (*Ficus*), les olives (*Oleæ*), les noix (*Nuces*), les sorbes ou alises [*Sorba*] (1) et les châtaignes (*Castanea*).

---

(1) Il y a des sorbes en forme de pommes et d'autres en forme de poires. Ces dernières, qui ont une forme plus allongée, sont gluantes au toucher. La première espèce, qui est la plus belle, donne aussi des fruits plus gros et plus savoureux. Ces fruits, qui sont des plus jolis et des plus élégants, ne se mangent que blets ou séchés. Un setier de sorbes, pressuré avec une quantité double de fruits à cidre, donne une boisson qui ne le cède ni en finesse, ni en couleur au vin de raisins, et qui,

§ 7.

La Récolte des Fruits.

Les Romains enlevaient des fruits non seulement aux jeunes arbres, mais encore aux vieux quand ils en étaient surchargés, afin que ceux qui restaient pussent mûrir et grossir suffisamment. Cette méthode était aussi très avantageuse à la santé et la conservation de l'arbre (1). Ils ne prenaient pas moins de précautions pour la cueillette des fruits. Les arbres n'étaient pas secoués violemment, parce qu'alors les branches chargées de fruits se brisent facilement et que la récolte pour l'avenir se trouve ainsi beaucoup diminuée; encore moins les fruits étaient-ils abattus à coups de gaules, comme nous le voyons souvent, hélas! faire dans nos campagnes. En agissant ainsi, non seulement le fruit est endommagé et par conséquent impropre à être conservé, mais l'arbre lui-même est profondément blessé. En outre les récoltes postérieures sont sinon complétement anéanties, du moins singulièrement compromises, et l'arbre ainsi maltraité vieillit et meurt avant le temps.

Les Romains cueillaient à la main tous les fruits qu'ils pouvaient atteindre ainsi; quant aux autres, ils les faisaient tomber en secouant doucement l'arbre, où bien ils les abattaient avec des roseaux plutôt qu'avec des gaules, pour éviter d'endommager les

---

mélangée avec ce dernier, le rend plus solide. Aussi les Romains en faisaient-ils du vin ou du vinaigre. (Pall., l. II, 15.) Les Romains semaient dans des pots les pépins ou les fruits tout entiers, et transplantaient ensuite les jeunes sujets (seritur nucleis in vasculis positis. Pall., l. XIII, 4). On fait encore aujourd'hui de même en Alsace, où cet arbre est assez commun. Il mériterait d'être encore plus répandu à cause de ses fruits et de son bois dur et résistant qui se prête à tous les ouvrages. Les Romains faisaient sécher ces petits fruits pour les conserver (sorba quidam dissecta et in sole macerata, ut pira servant. Varro, 59).

(1) Si spissa poma ramos onerabunt, interlegenda sunt quæque vitiosa, ut alimentum cæteris succus æquiparet et generosis abundantiam ministret, quam numerosa vilitate perdebat. Pall., l. III, 25. Pera vel mala, ubi ramos multa poma densabunt, interlegenda sunt quæcumque vitiosa, ut succus, qui ingrate his posset impendi, ad meliora vertatur. Idem, l. VII, 5.

bourgeons à fruits (1). Beaucoup de fruits sont, il est vrai, destinés à être écrasés, mais on n'en doit pas moins ménager les arbres qui nous rendent des services si variés.

§ 8.

De la Conservation et des divers emplois des Fruits.

Les Romains prenaient toutes sortes de précautions pour conserver les fruits aussi sains et aussi frais que possible. Ils avaient pour cela des cabinets qu'ils appelaient *Oporothèques* (Ὀπωροθῆκαι) dans lesquels des fruits de choix s'étalaient pour le plus grand plaisir des yeux, symétriquement disposés le long des murs ou rangés avec art dans des corbeilles. C'est là qu'ils aimaient à réunir leurs amis dans de joyeux festins. Une *Oporothèque* était une affaire de luxe, et plus d'un riche romain y consacrait des sommes importantes. Varron dit que les domaines si bien cultivés de Tremellius Scrofa ont eu plus d'admirateurs que les palais d'autres personnages ornés avec un luxe royal, car on n'allait pas à la campagne comme chez Lucullus, pour y voir sa *Pinacothèque* (galerie de tableaux), mais pour y jouir de la vue de son *Oporothèque* (2).

Ordinairement on étendait les fruits sur de la paille ou sur des claies, ou bien on les conservait dans des vases clos pour les mettre à l'abri du contact de l'air. Quelquefois aussi on trempait les queues des pommes et des poires dans de la poix chaude pour prolonger leur conservation. On suspendait aussi les coings et les sorbes disposés en guirlandes, aux parois des appartements; et peut-être les

---

(1) Qui manu tangi non poterunt, ita quati debent, ut arundine potius quam pertica feriantur; gravior enim plaga medicum quærit. Qui quatiet, ne adversam cædat. Varro, l. I, 55.

(2) Fundi ejus Scrofæ, propter culturam jucundiore spectaculo sunt multis, quam regie polita ædificia aliorum, cum hujus spectatum veniant villas, non ut apud Lucullum, ut videant pinacothecas, sed oporothecas. Varro, R. R., l. I, 2.

anciens partageaient-ils entre leurs enfants ceux qui avaient atteint toute leur maturité, comme je l'ai vu faire si souvent à ma grande joie dans la maison paternelle. Ce m'est en passant une occasion d'offrir un souvenir de reconnaissance à d'excellents parents qui ne sont plus !

On faisait sécher le reste des fruits ; les uns étaient laissés entiers, les autres étaient divisés en trois ou quatre parties et privés de leur peau et de leurs pépins (1). La dessication se faisait au soleil ou au four (2). On en faisait aussi confire dans du miel ou du moût, ou bien par la cuisson on les amenait à l'état de marmelade (3).

Les Romains fabriquaient aussi du vin avec les fruits comme nous le faisons encore aujourd'hui, mais en plus grande quantité.

Si nos agriculteurs plantaient plus d'arbres à cidre, ils pourraient sans peine descendre chaque année dans leur cave un tonneau de boisson, à la fois saine et agréable, qui leur ferait bientôt oublier l'eau-de-vie qui les tue au moral et au physique.

§ 9.

Le Châtaignier.

Comme le sorbier (*Sorbus domestica*), le châtaignier (*Fagus castanea*) mériterait d'être plus propagé.

Voyons ce qu'en dit Palladius. On l'obtient, dit cet auteur, de graines ou de drageons, mais le premier moyen est celui qui donne les meilleurs résultats. On choisit les fruits les plus mûrs et les plus beaux, et on les conserve pendant l'hiver dans du sable et dans un endroit sec. Avant de les semer, on les jette dans de

---

(1) Pira divisa et purgata granis in sole siccantur. Pall., l. III, 25. — Alii canna vel ebore in quatuor partes divisa, sublatis omnibus, quæ in medio sunt, in vase fictili melle obruunt. Col., l. XII, 14.

(2) Aut in furno tepido faciunt, aut in sole siccari. Pall., l. XII, 7.

(3) Voir dans Palladius, l. III, les différents modes d'emploi des fruits.

l'eau ; ceux qui sont sains vont au fond, tandis que les gâtés, restant à la surface, sont faciles à éliminer. Cet arbre aime un sol léger et les collines exposées au nord.

On creuse la terre à la profondeur de deux pieds, on lui donne une forte fumure (*fimo satiatus*) et on plante les châtaignes dans de petites fosses à la profondeur d'un demi-pied environ. On a soin de mettre toujours plusieurs châtaignes, parce qu'étant recherchées par plusieurs animaux, il pourrait y avoir beaucoup de manquants.

Quand les jeunes arbres ont deux ans, on les transplante.

On peut aussi reproduire cet arbre au moyen de marcottes. On tire de côté les tiges qu'on couvre de terre, mais elles ne prennent pas facilement racine.

Le châtaignier peut aussi être avantageusement greffé, car ses variétés sont aussi nombreuses que celles du pommier. Les unes sont hâtives, les autres très tardives.

On a commencé en Alsace à greffer sur le châtaignier commun les gros marrons du midi, et l'essai a réussi. La délicieuse châtaigne est estimée partout, et l'arbre lui-même donne un bois de construction très recherché et d'excellents échalas (1).

---

(1) Castanea roboribus proxima est, et ideo stabiliendis vineis habilis. Colum., l. IV, 33.

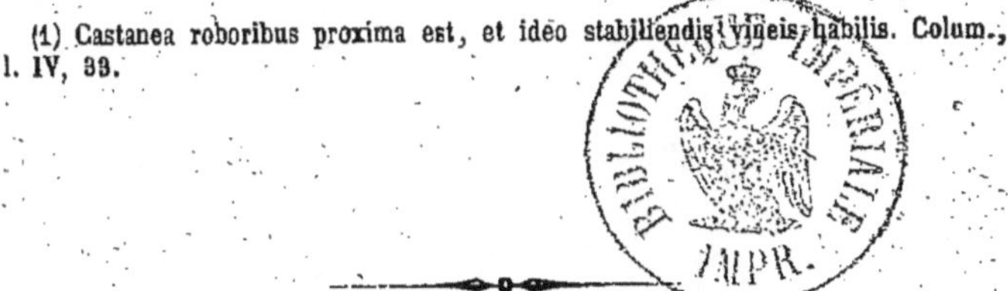